EUL
VERLAG

EINZELSCHRIFTEN

Anne Kathrin Bischoff
Business Approaches to Poverty Alleviation – A Classification of Company Initiatives
Lohmar – Köln 2014 • 208 S. • € 49,- (D) • ISBN 978-3-8441-0393-9

Andreas Neumeier
Unternehmensbewertung bei Squeeze-out – Eine theoretische und empirische Analyse im Spannungsfeld der Anforderungen von betriebswirtschaftlichen Erkenntnissen, IDW S 1 und Rechtsprechung
Lohmar – Köln 2015 • 284 S. • € 58,- (D) • ISBN 978-3-8441-0394-6

Patrick Siegfried
Trendentwicklung und strategische Ausrichtung von KMUs
Lohmar – Köln 2015 • 88 S. • € 37,- (D) • ISBN 978-3-8441-0395-3

Patrick Siegfried
Das strategische Controlling in der Anwendung für KMUs
Lohmar – Köln 2015 • 96 S. • € 38,- (D) • ISBN 978-3-8441-0396-0

Thomas Schiffer
Untersuchung der Segmentberichterstattung nach IFRS 8 von deutschen Unternehmen und Überarbeitungsnotwendigkeiten aus Investorsicht
Lohmar – Köln 2015 • 260 S. • € 57,- (D) • ISBN 978-3-8441-0399-1

Niclas Rüffer
The Allocation of Innovation Promotion Programs – An Empirical Analysis
Lohmar – Köln 2015 • 316 S. • € 62,- (D) • ISBN 978-3-8441-0405-9

Heidi Hoffmann
Krisenmanagement in Wirtschaftsunternehmen – Eine empirische Untersuchung zur Übertragbarkeit der Erkenntnisse der High-Reliability-Forschung
Lohmar – Köln 2015 • 188 S. • € 48,- (D) • ISBN 978-3-8441-0408-0

Heidi Hoffmann

Krisenmanagement in Wirtschaftsunternehmen

Eine empirische Untersuchung zur Übertragbarkeit der Erkenntnisse der High-Reliability-Forschung

Bibliografische Information der Deutschen Nationalbibliothek

Die Deutsche Nationalbibliothek verzeichnet diese Publikation in der Deutschen Nationalbibliografie; detaillierte bibliografische Daten sind im Internet über <http://dnb.d-nb.de> abrufbar.

ISBN 978-3-8441-0408-0
1. Auflage Juni 2015

JOSEF EUL VERLAG GmbH
Brandsberg 6
53797 Lohmar
Tel.: 0 22 05 / 90 10 6-6
Fax: 0 22 05 / 90 10 6-88
E-Mail: info@eul-verlag.de
http://www.eul-verlag.de

Bei der Herstellung unserer Bücher möchten wir die Umwelt schonen. Dieses Buch ist daher auf säurefreiem, 100% chlorfrei gebleichtem, alterungsbeständigem Papier nach DIN 6738 gedruckt.

Vorwort

Dieses Buch ist eine überarbeitete Version der Master-Thesis „Übertragbarkeit des High-Reliability-Organization-Modells auf das Krisenmanagement in Wirtschaftsunternehmen“, die im Jahr 2013 im Rahmen des Studiengangs *Sicherheitswirtschaft und Unternehmenssicherheit* an der Deutschen Universität für Weiterbildung (DUW) in Berlin entstanden ist. Hiermit möchte ich mich bei allen Mitarbeiterinnen und Mitarbeitern der DUW bedanken, die mir für fachliche und methodische Fragen zur Verfügung standen und die Arbeit bis zum Abschluss der Masterarbeit begleiteten.

Während der Erstellung und Überarbeitung waren weitere Personen beteiligt, denen ich hiermit danken möchte.

Die wissenschaftliche Grundlage dieses Buches bilden die Ergebnisse der empirischen Untersuchungen zum Krisenmanagement in Wirtschaftsunternehmen. Ein besonderer Dank gilt allen Teilnehmenden der Untersuchungen bzw. Befragungen. Die Gesprächspartner und -partnerin aus den sieben Unternehmen, einem Industrieparkbetreiber, einer Beratungsfirma und zwei Wirtschaftsverbänden waren mir eine große Hilfe. Ich schätze es sehr, dass sie sich trotz begrenzter Ressourcen umgehend die Zeit genommen haben, mir einen Einblick in das Krisenmanagement zu gewähren.

Herrn Prof. Dr. Stefan Strohschneider von der Friedrich-Schiller-Universität Jena danke ich für die kritische Durchsicht und die Hinweise während der Überarbeitungsphase, die mir eine wertvolle Hilfe waren.

Dieses Buch habe ich neben meinem Berufsalltag in meiner Freizeit geschrieben. Mein größter Dank gilt daher meinem Freund Andreas Winkel, ohne dessen Verständnis und stete Unterstützung ich mein berufsbegleitendes Studium und dieses Buchprojekt nicht so erfolgreich abgeschlossen hätte.

Baunatal, im Juni 2015 Heidi Hoffmann

Inhaltsverzeichnis

Abbildungsverzeichnis

Tabellenverzeichnis

Abkürzungsverzeichnis

Abb.	Abbildung
AEO	Authorised Economic Operator; Zugelassener Wirtschaftsbeteiligter
Aufl.	Auflage
BCM	Business-Continuity-Management
BKA	Bundeskriminalamt
DAX	Deutscher Aktienindex
H!PE	Innovation durch Förderung von nachhaltiger Hochleistung
HRO	High-Reliability-Organisationen
HRT	High-Reliability-Theorie
KRITIS	Kritische Infrastrukturen
LÜKEX	Länderübergreifende Krisenmanagementübung (Exercise)
NAT	Normal-Accident-Theorie
NHTSA	National Highway Traffic Safety Administration
o. J.	ohne Jahresangabe
o. O.	ohne Ort
RMS	Risikomanagement-System
RIRS	Rapid-Incident-Reporting-System
SPOC	Single-Point-of-Contact
SÜG	Sicherheitsüberprüfungsgesetz
Tab.	Tabelle
TMI	Three Mile Island
TMS	Team-Management-System

1 Einleitung

Am 11. März 2011 gegen 14:45 Uhr Ortszeit (06:45 Uhr MEZ) löste ein Seebeben mit einer Stärke von 9,0 auf der Richterskala vor der nordöstlichen Küste Japans einen Tsunami aus. Das Epizentrum befand sich knapp 400 Kilometer nordöstlich von Tokio und ca. 130 Kilometer östlich der Stadt Sendai. Als Folge des Bebens wurden weite Teile der Nordostküste überschwemmt (Auswärtiges Amt, 2014), wobei das Hauptschadensgebiet eine Fläche von ca. 561 Quadratkilometern umfasste. Bei dem Unglück starben mehr als 19.000 Menschen, und es entstand ein volkswirtschaftlicher Schaden von ca. 150 Milliarden Euro. Das Atomkraftwerk *Fukushima I* (Daiichi) des japanischen Energiekonzerns und Betreibers *Tepco* wurde von einer 14 Meter hohen Welle überspült und durch nachfolgende Explosionen schwer beschädigt (Statista GmbH, 2014). Aufgrund der Schäden kam es in drei Blöcken der Atomanlage zu einer Kernschmelze mit einer Freisetzung von Radioaktivität (Auswärtiges Amt, 2014). Bis August 2011 wurden etwa 146.500 Menschen evakuiert, von denen ca. 78.000 aus dem Zwanzig-Kilometer-Umkreis um das Kraftwerk stammten (GRS, 2014, S. 57).

Das Ereignis machte auch vor den Grenzen Deutschlands nicht Halt und stellte für Unternehmen und Behörden eine Herausforderung dar. Zum einen waren in Japan präsente deutsche Unternehmen direkt betroffen. Die Deutsche Industrie- und Handelskammer in Japan verzeichnet gegenwärtig 418 eingetragene Mitgliedsunternehmens, die eine japanische Repräsentanz unterhalten oder im verarbeitenden Gewerbe tätig sind (DIHKJ, 2014). Laut des ehemaligen Außenministers Guido Westerwelle lebten zum damaligen Zeitpunkt etwa 5000 Deutsche in Japan und rund 100 in dem am stärksten betroffenen Gebiet. Nach dem Unglück verließen nahezu alle Expatriates und ein großer Teil der deutschen lokalen Angestellten Japan oder zumindest den Raum Tokio. Dieser umfassende Abzug von Fach- und Führungskräften erforderte in Folge eine externe Neubesetzung der freien Stellen, da im Mutterkonzern kurzfristig kein Ersatz zu finden war (Japan Markt, 2012a). Ein weiteres Problem stellten die dem Erdbeben folgenden Stromsparmaßnahmen und die eingeschränkte Transportinfrastruktur dar, die zum Erliegen der Produktion beitrugen (Japan Markt, 2012b). Zum anderen bekamen auch die in Deutschland ansässigen Unternehmen, die auf japanische Komponentenzulieferungen angewiesen waren, die indirekten Auswirkungen zu spüren. Japan zählt als einer der wichtigsten Handelspartner Deutschlands (Rangstelle 13 bei deutschen Einfuhren im Jahr 2011). Im Jahr 2011 führte das Land Waren im Wert von 23,6 Milliarden Euro ein. Zu den häufigsten Importgütern zählen Elektronik, Maschinen, Elektrotechnik, chemische Erzeugnisse, Kraftfahrzeuge und -teile (GTAI, 2014, S. 4). Das Erdbeben und der ausgelöste Tsunami hinterließen insbesondere für die deutsche Maschinenbau- und Elektrotechnikbranche spürbare Lieferengpässe (Japan Markt, 2012b).

Zur Bewältigung der Lage haben viele deutsche Unternehmen Krisenstäbe eingerichtet, die sich neben der Versorgungssicherheit u. a. mit der Evakuierung von Expatriates und deren Familienangehörigen nach Deutschland befassten (Sorge, 2011). Überdies mussten sich die Unternehmen mit der Freimessung von Gütern auseinandersetzen, um eingeführte Gegenstände (Frachtgut) auf radioaktive Oberflächenkontamination zu überprüfen. Der Grenzwert von vier Becquerel pro Quadratzentimeter durfte hierbei nicht überschritten werden, um die Strahlenbelastung durch Frachtstücke gering zu halten (BfS, 2014). Insgesamt kann das Krisenmanagement deutscher Unternehmen als weitgehend erfolgreich bezeichnet werden. Trotzdem hat das Ereignis einen punktuellen Strukturwandel ausgelöst bzw. beschleunigt und dazu geführt, Ziele und Strategien zu überdenken (DIHKJ, 2012, S. 2).

Seitens der Behörden wurde ein Krisenstab im Krisenreaktionszentrum des Auswärtigen Amtes gebildet, der über Maßnahmen zur Katastrophenhilfe beraten und entschieden hat. Generell wurde vor nicht notwendigen Reisen nach Japan gewarnt. Basierend auf einer permanenten Lagebeurteilung sprach sich das Auswärtige Amt gegen einen Aufenthalt in der Region um die Atomkraftwerke Fukushima und dem Großraum Tokio/Yokohama aus (Bartels, 2011). Daneben wurde von der Strahlenschutzkommission (SSK) ein Krisenstab einberufen, der das Bundesministerium für Umwelt, Naturschutz, Bau und Reaktorsicherheit (BMUB) in allen Angelegenheiten für Strahlenschutzfragen beriet (SSK, 2012). Konkret befasste sich der Krisenstab mit folgenden Themen (Michel, 2011):

- der radiologischen Lage in Japan, Deutschland und anderen Ländern
- ersten Aufträgen und Stellungnahmen (Kontamination von Flugzeugen, Schiffen und Passagieren, Deutsche in Japan, Hilfe für Japan)
- Strahlenschutz und rechtlicher Einordung
- Regeln für Europa
- Einschätzung der Unfallfolgen

- Anforderungen an die Zukunft

Weiteren Abstimmungsbedarf erforderte die Einigung über festzusetzende Referenzwerte für die Einfuhr von Lebens- und Futtermitteln. Zu diesem Zweck wurde am 12. April 2011 eine Durchführungsverordnung der Europäischen Kommission erlassen, in der Höchstwerte festgelegt wurden (EU, 2011a). Die Überprüfung der Vorgaben erfolgte durch die zuständigen Behörden der Grenzkontrollstelle (u. a. Zoll), die hierüber stichprobenartige Warenuntersuchungen einschließlich Laboranalysen durchzuführen hatten (EU, 2011b, Art. 5).

Der Reaktorunfall in Fukushima führte ebenfalls zu Aktivitäten auf deutscher und europäischer Seite, die in der Erstellung eines Aktionsplans mündeten. Unmittelbar nach dem Ereignis wurden durch die Anlagenbetreiber Maßnahmen zur Überprüfung der Sicherheit deutscher Kernkraftwerke eingeleitet. Parallel dazu führte die Reaktorsicherheitskommission eine Sicherheitsüberprüfung durch, in der die Robustheit in Betrieb genommener Kernkraftwerke getestet wurde. Auf europäischer Ebene beschloss der Europäische Rat, dass alle kerntechnischen Anlagen der Europäischen Union (EU) durch eine Risiko- und Sicherheitsbewertung (Stresstest) überprüft werden sollten. Die verschiedenen umgesetzten Maßnahmen beinhalteten Empfehlungen, die insgesamt die Grundlage des im Dezember 2012 veröffentlichten Aktionsplans bildeten (BMUB, 2014, S. 3f.).

Daneben löste Fukushima eine Diskussion um die Energiepolitik aus. In einem gesellschaftlichen Dialog der Ethikkommission „Sichere Energieversorgung“ wurden die Risiken der Kernkraftnutzung erörtert und die Möglichkeiten eines Übergangs in das Zeitalter der erneuerbaren Energien angestoßen (Deutscher Bundestag, 2011b). Die Überlegungen führten schließlich dazu, dass sich Deutschland zu einem schrittweisen Ausstieg aus der Kernenergienutzung bis zum Jahr 2022 entschlossen hat (Deutscher Bundestag, 2011a).

2 Forschungsvorhaben

In diesem Kapitel wird zunächst das Forschungsvorhaben skizziert, indem die Problemstellung (Kapitel 2.1) beschrieben und in diesem Kontext die bestehende Forschungslücke identifiziert wird. Nach der Darstellung der Zielsetzung und Methodik (Kapitel 2.2) erfolgt eine Ausführung zum Aufbau der Arbeit (Kapitel 2.3).

2.1 Problemstellung

Das eingangs beschriebene Ereignis in Fukushima zeigt auf, dass selbst noch so undenkbare Ereignisse getreu dem Motto „*Erwarte auch das Unerwartete*" schnell zur Realität werden können. Der japanische Atomkraftbetreiber *Tepco* war sich nicht bewusst, dass eine derartige, unvorstellbar hohe Tsunami-Welle von 14 Metern Höhe die Atomanlage treffen könnte; der Schutzbereich war auf lediglich 5,7 Meter ausgelegt (TEPCO, 2012, S. 9).

Fukushima ist nur eines von vielen Ereignissen, von denen auch deutsche Unternehmen und Behörden betroffen waren. Jährlich treten durch interne wie auch externe Ereignisse zwischen 220 und 260 solcher Situationen in Deutschland auf, bei denen akute Gefahren für Menschen oder Tiere, für die Umwelt, für Vermögenswerte oder für die Reputation des Unternehmens als Ganzes drohen (Roselieb & Dreher 2008, S. 5f.). Ereignisse wie beispielsweise die Störfallserie bei Höchst (1993), der Elchtest-Eklat bei Mercedes (1997), der ICE-Unfall der Deutschen Bahn in Eschede (1998), das Lipobay-Desaster bei Bayer (2001), die Stromausfälle im Münsterland (2005), die Korruption bei Siemens (2008), der Datenmissbrauch bei der Telekom (2008), die Mitarbeiterüberwachung bei Lidl (2008) oder die Flutkatastrophe in Mitteldeutschland (2013) bilden eine vielfältige Liste wahrgenommener Krisenszenarien, die sich weiter fortsetzen ließe. Neben den zahlreichen Vorkommen ist auch der weltweite wirtschaftliche Schaden durch unvorhergesehene Ereignisse immens; er betrug im Jahr 2011 etwa 123,9 Milliarden US-Dollar (E&Y, 2011, S. 5). Darüber hinaus ereigneten sich im Jahr 2013 weltweit insgesamt 20 Kriege und 414 Konflikte, wovon 45 als hochgewaltsam bewertet wurden. Die Zahl der Kriege ist damit, wie bereits 2011, auf den höchsten Stand seit dem Ende des Zweiten Weltkriegs angewachsen (HIIK, 2014, S. 14-15).

In dieser durch Unsicherheit geprägten Umwelt werden Krisen mehr denn je das Unternehmensumfeld bestimmen. Auch scheinbar kleinere Krisenfälle können zu einer Unternehmenskrise führen, wenn sie an die Öffentlichkeit gelangen (Trauboth, 2002, S. 15f.) und sich über die neuesten Kommunikationsmittel innerhalb weniger Minuten global verbreiten. Die Zahl der kommunizierten Krisenereignisse, gegen die Unternehmen schnell vorgehen müssen, ist seit 1984 im deutschsprachigen Raum um 75 Prozent gestiegen (Knauß, 2012).

Die beschriebene Situation verdeutlicht, dass das Management kritischer Ereignisse die Unternehmen direkt tangiert. Jedes Unternehmen kann von jetzt auf gleich mit Unsicherheiten und Unwägbarkeiten konfrontiert werden, die seine Geschäftstätigkeit negativ beeinflussen und bis zur Existenzbedrohung reichen. Der erfolgreiche Umgang mit solchen unerwarteten Ereignissen hängt unter anderem von der Widerstandsfähigkeit (Resilienz) des Unternehmens ab, womit die Fähigkeit bezeichnet wird, „aus neu entstehenden Trends wichtige Ereignisse abzuleiten, sich Veränderungen nachhaltig anzupassen und sich von Stör- und Schadensfällen wieder zu erholen“ (BCI, 2012, S. 13). Jedes Unternehmen sollte solchen kritischen Ereignissen gewachsen sein und im besten Fall gestärkt aus ihnen hervorgehen. Für den Aufbau von Resilienz spielt mitunter die Implementierung eines umfassenden Krisenmanagements eine entscheidende Rolle. Durch die Schaffung konzeptioneller, organisatorischer und verfahrensmäßiger Voraussetzungen wird eine schnellstmögliche Zurückführung der eingetretenen Schadenssituation in den Normalzustand unterstützt (BSI, 2009, S. 134).

Für die Umsetzung des Krisenmanagements kann die verlässlichkeitsorientierte Forschung einen wichtigen Beitrag liefern. Einer der Ansätze analysiert Organisationen mit hohem Gefährdungspotenzial, die tagtäglich unerwartete Situationen unter extremen Bedingungen bewältigen. Diesen sogenannten Hochzuverlässigkeitsorganisationen (*High-Reliability-Organisations*; *HRO*) gelingt es im Vergleich zu anderen wesentlich besser, gestärkt aus Krisen hervorzugehen und künftige Herausforderungen zu meistern. Zu den High-Reliability-Organisationen zählen u. a. Atomkraftwerke, Feuerwehreinheiten, medizinische Notfallteams und Besatzungen von Flugzeugträgern (Fahlbruch, Schöbel & Marold, 2012, S. 24ff.). Aus den entsprechenden Untersuchungen ist die *High-Reliability-Theory* (HRT) hervorgegangen, deren Erkenntnisse im Management-Konzept der kollektiven Achtsamkeit veröffentlicht wurde (Weick & Sutcliffe, 2010).

Mittlerweile haben Unternehmen verschiedener Industriebranchen bestimmte Elemente der HRT wie z. B. Reporting-Systeme für Fehler eingeführt (Bourrier, 2009, S. 139ff.). Trotz allem wird die Anwendbarkeit der HRT auf Wirtschaftsunternehmen im akademischen Kontext kontrovers diskutiert (z. B. Bourrier, 2009, S. 119; Perrow, 1994, S. 215; Sagan, 1993). Unter anderen ist dieser Zustand auf den bislang nur unzureichenden wissenschaftlichen Forschungsstand zurückzuführen.

Die vorliegende Arbeit vertritt den Standpunkt, dass die High-Reliability-Theorie Anregungen für das Krisenmanagement liefern kann. Ausgehend von dieser Tatsache stellt sich die Forschungsfrage nach der Übertragbarkeit der HRT auf das Krisenmanagement in Wirtschaftsunternehmen. Finden sich bei Unternehmen die gleichen Muster, die auch zur Sicherheit in den High-Reliability-Organisationen beitragen?

2.2 Zielsetzung und Methodik

Dieses Buch hat das Ziel, die Erkenntnisse der HRT in Wirtschaftsunternehmen zu identifizieren. Anhand der festgestellten Erkenntnisse lassen sich Aussagen zur Übertragbarkeit des Konzeptes treffen. Dadurch wird versucht, die dargelegte Lücke zwischen der akademischen Debatte und der wissenschaftlichen Forschung etwas zu schließen. Basierend auf den Ergebnissen der Untersuchung sollen neue Transferansätze für das Krisenmanagement aufgezeigt werden, mit deren Hilfe künftige Krisen besser abgewehrt bzw. bewältigt werden können.

Das Thema *Krisenmanagement* wird mit einem Schwerpunkt auf den Bereichen der Corporate Security und der Site-Security betrachtet. Corporate Security umfasst die zentrale Bearbeitung übergeordneter Sicherheitsthemen, die für das gesamte Unternehmen weltweit Bedeutung haben. Dagegen konzentriert sich die Site-Security auf alle Sicherheitsaufgaben an einem Standort (Sack, 2010, S. 24, 108). Krisenbetrachtungen zu Technologiewandel, Änderungen der rechtlichen Rahmenbedingungen, betriebswirtschaftlichen Risiken u. ä. werden nicht berücksichtigt.

Im theoretischen Teil dieser Arbeit wird auf die sozialwissenschaftliche Methode der qualitativen Dokumentenanalyse zurückgegriffen. Der empirische Abschnitt stützt sich auf die wissenschaftliche Methode leitfadengestützter Experteninterviews und stellt die Praktiken aus verschiedenen renommierten Wirtschaftsunternehmen vor. Hierbei werden vorwiegend umsatzstarke deutsche Unternehmen des produzierenden Gewerbes betrachtet.

2.3 Aufbau der Arbeit

Die Arbeit gliedert sich in elf Kapitel. Nach der Einleitung und der Darlegung des Forschungsvorhabens werden im dritten Kapitel Begrifflichkeiten definiert sowie verwandte Begriffe gegenübergestellt und voneinander abgegrenzt. In Kapitel 4 und 5 wird der theoretische Hintergrund der HRT und das Konzept der gemeinsamen Achtsamkeit beleuchtet, insbesondere werden die fünf HRO-Prinzipien dargestellt sowie der aktuelle wissenschaftliche Forschungsstand erläutert. Anhand der gewonnenen Hintergrundinformationen werden die Zusammenhänge zum Krisenmanagement aufgezeigt und die Untersuchungsinhalte präzisiert. Im darauffolgenden Kapitel 6 wird das methodische Vorgehen der empirischen Untersuchung erklärt, und es werden Aussagen zu den untersuchten Forschungsbereichen getroffen. Aufbauend auf den erarbeiteten Inhalten wird im siebten und achten Kapitel das Krisenmanagement in renommierten Wirtschaftsunternehmen betrachtet. In diesem empirischen Teil der Arbeit wird der Frage nachgegangen, ob und in welchem Maße die HRT im Rahmen des Krisenmanagements Verwendung findet. Im neunten Kapitel werden anhand der Ergebnisse und Erkenntnisse der vorstehenden Kapitel Transferansätze formuliert. Das zehnte Kapitel gibt eine Zusammenfassung und einen daraus hervorgehenden Ausblick. Das Buch endet mit einem Nachwort (Kapitel 11). Die nachfolgende Übersicht verdeutlicht die Zusammenhänge der Inhalte der einzelnen Kapitel.

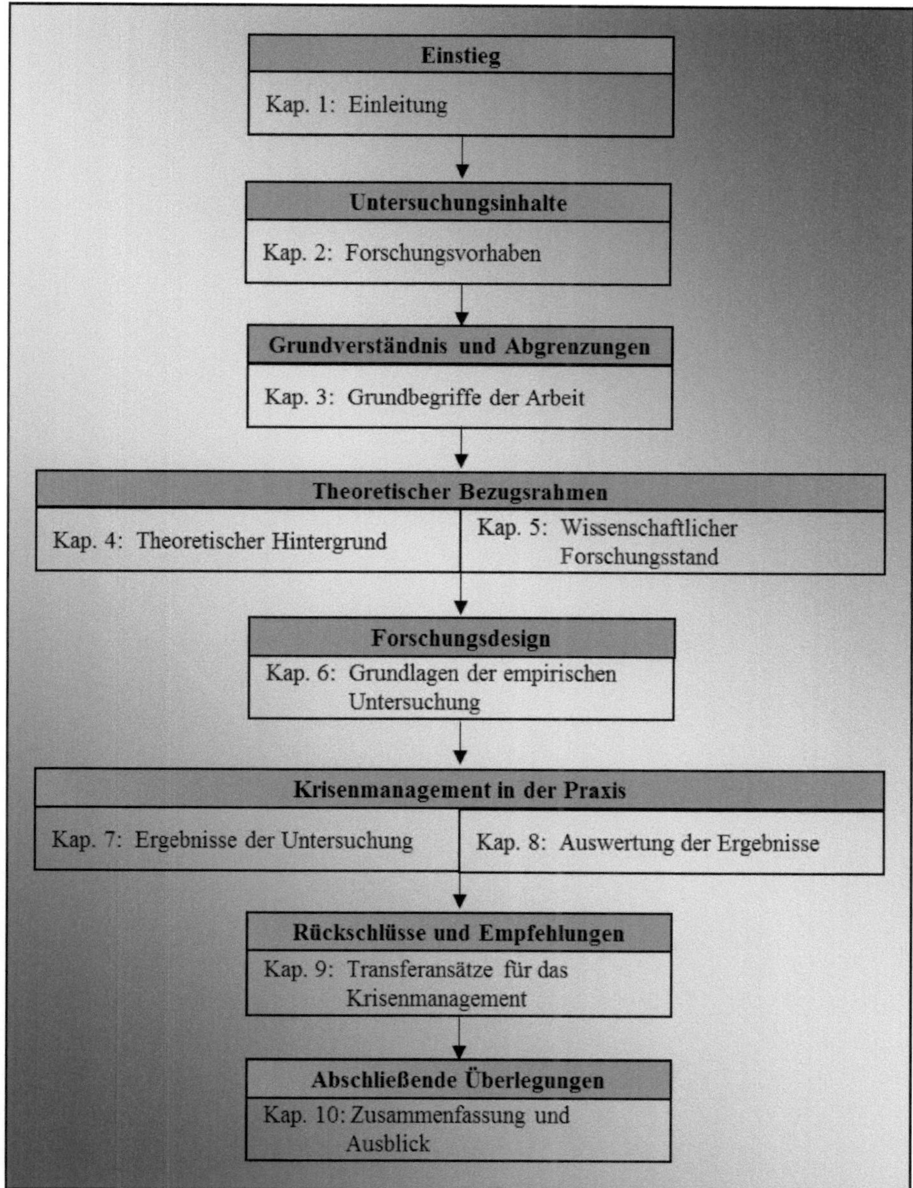

Abb. 1: Aufbau des Buches (eigene Darstellung).

3 Grundbegriffe der Arbeit

Die Erschließung des Themenfeldes erfordert ein Grundverständnis von Begriffen und deren Abgrenzung zu artverwandten Gebieten. In diesem Abschnitt wird dargestellt, was unter Krisen und dem Krisenmanagement (Kapitel 3.1) sowie unter einer High-Reliability-Organisation zu verstehen ist (Kapitel 3.2). Anschließend werden die Grundzüge Kritischer Infrastrukturen (KRITIS) skizziert (Kapitel 3.3). Der Abschnitt schließt mit einer Gegenüberstellung von HRO und KRITIS, um Gemeinsamkeiten und Unterschiede zu eruieren (Kapitel 3.4). Dieser Vergleich soll aufzeigen, ob Schnittmengen vorhanden sind, die ggf. bei der Erforschung des Themas zu berücksichtigen sind.

3.1 Krisen und Krisenmanagement

Eingangs wurde aufgezeigt, dass unter Krisen alle internen und externen Ereignisse verstanden werden,

> [...] durch die akute Gefahren für Menschen oder Tiere, für die Umwelt, für Vermögenswerte oder für die Reputation [...] des Unternehmens als Ganzes drohen. Als ‚akut' gilt eine Gefahr immer dann, wenn sie sich nicht allein aus dem allgemeinen, grundsätzlich nicht vermeidbaren Lebensrisiko ergibt (z. B. potenzielle Gefahr, Opfer eines Verbrechens zu werden), sondern deutlich darüber hinausgeht und durch gezielte Gegenmaßnahmen möglicherweise vermieden werden kann (z. B. Evakuierung eines Verwaltungsgebäudes nach Eingang einer Bombendrohung) (Roselieb & Dreher, 2008, S. 6).

Um an späterer Stelle (Kapitel 3.3.) den Bezug zur HRT herzustellen, wird an dieser Stelle der Krisenbegriff präzisiert und mittels eines Drei-Phasen-Modells in seine Bestandteile aufgegliedert (siehe Abb. 2). Demzufolge wird zwischen 1) potenziellen, 2) latenten und 3) akuten Krisen differenziert.

Ausgangspunkt des Krisenprozesses ist die potenzielle Krisenphase, die mangels erkennbarer Krisensignale auch als Normalzustand oder Nichtkrise bezeichnet wird. In der latenten Krisenphase ist eine Wahrnehmung der sich entwickelnden Krise durch geeignete Maßnahmen zwar möglich, der Unternehmensumwelt aber meist weitgehend verborgen. Die akute Krise ist sichtbar, sobald die Unternehmensumwelt von ihr Notiz nimmt. Sie ist in der Regel schlecht oder gar nicht vorhersehbar, da entweder sich ankündigende Krisensignale übersehen werden oder das Ereignis überraschend eintritt (Roselieb, 1999, S. 90).

Bei der Vermeidung und Bewältigung von Krisen kommt das Krisenmanagement zum Tragen, das je nach Krisenphase unterschiedliche Schwerpunkte setzt. Durch ein aktives Krisenmanagement können potenzielle und latente Krisen im Vorfeld vermieden werden. Im Rahmen des antizipativen Krisenmanagements werden zunächst potenzielle Krisen gedanklich mittels spezifischer Prognosen ermittelt. Darauf aufbauend werden erste Maßnahmen und Alternativpläne zur Absicherung der möglicherweise eintretenden Krisenszenarien abgeleitet. Das präventive Krisenmanagement zielt auf die Früherkennung bereits vorhandener Krisen mithilfe von Frühwarnsystemen ab (BMI, 2008, S. 19f.). Die Basis hierfür bilden das Scanning, das Aufspüren schwacher Signale sowie das Monitoring; die vertiefende Beobachtung identifizierter relevanter Problemfelder. Bei einer Häufung der schwachen Signale werden durch Szenariotechniken Prognosen gebildet und entsprechende Reaktionsstrategien umgesetzt (Emmrich, 2003).

Beim Auftreten akuter Krisen erfolgt eine Krisenbewältigung, die des Einsatzes eines reaktiven Krisenmanagements bedarf. Im Zuge des repulsiven Krisenmanagements (Krisenmanagement im engeren Sinn) werden Sofortmaßnahmen der Kriseneindämmung sowie der Wiederanlaufplanung ergriffen (Töpfer, 1999, S. 19), die eine schnellstmögliche Zurückführung der eingetretenen Schadenssituation in den Normalzustand unterstützen (BSI, 2009, S. 134). Sofern es sich um akut nicht beherrschbare Krisen handelt, ist das liquidative Krisenmanagement von Bedeutung, das jedoch nicht Gegenstand dieses Buches ist und daher nicht weiter betrachtet wird. Die nachfolgende Abbildung veranschaulicht die Zusammenhänge zwischen den Krisenphasen und den dazugehörigen Formen des Krisenmanagements.

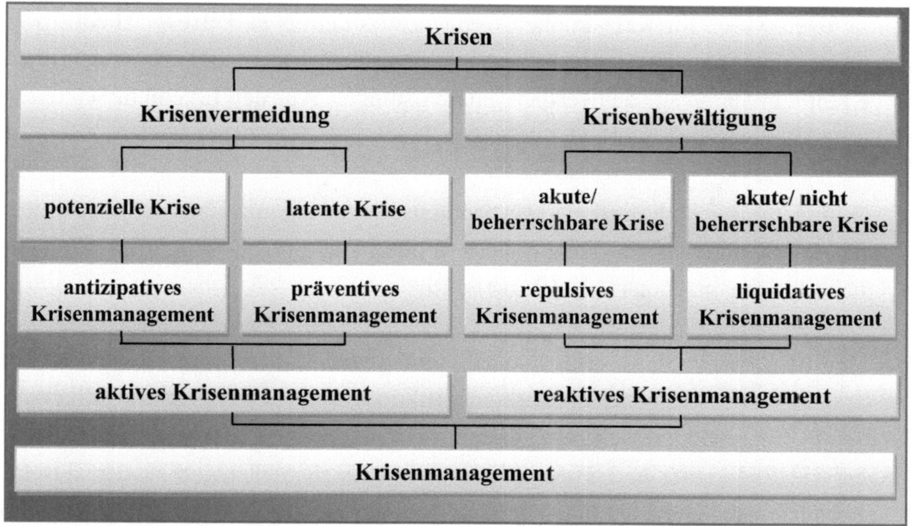

Abb. 2: Klassifikation des Krisenmanagements (Quelle: Dreyer, Dreyer & Obieglo, 2001, S. 27).

3.2 High-Reliability-Organisationen

High-Reliability-Organisationen werden in der deutschsprachigen Literatur als Hochzuverlässigkeits- oder Hochverlässlichkeitsorganisationen bezeichnet. Eine konkrete und einheitliche Definition von HRO existiert nicht. Je nach wissenschaftlichem Forschungsgebiet werden verschiedene Beschreibungen genutzt, die implizit ähnliche Eigenschaften sicherheitsorientierter Systemen widerspiegeln.

Der HRO-Begriff hat seinen Ursprung in den Arbeiten der Forschungsgruppe an der University California in Berkeley (Todd La Porte; Gene Rochlin, Karlene Roberts; Paul Schulman), die sich Mitte der 1980er Jahre mit der Analyse von Organisationen mit hohem Gefährdungspotenzial auseinandersetzte. Der Untersuchungsgegenstand umfasste Organisationen der Elektrizitätserzeugung und -versorgung, das System der Flugsicherung, atomar betriebene Flugzeugträger und Kernkraftwerke. In Anlehnung an die von Charles Perrow entwickelte Theorie der Normalen Katastrophen (Normal-Accident-Theorie) (vgl. Kapitel 5.1) war die Gruppe anfangs davon überzeugt, dass die von ihr untersuchten Organisationen künftig scheitern müssten, da sie (zu) vielen großen Herausforderungen gegenüberstanden. Diese Ansicht hat sich im Laufe der Untersuchungen nicht bestätigt. Die analysierten Organisationen waren für Katastrophen weniger anfällig, als es Perrows Theorie voraussagte. Einige der HRO bewährten sich wesentlich besser und erbrachten über lange Zeiträume hinweg nachweislich gute Leistungen. Aus den Erkenntnissen leitete die Berkeley-Gruppe die Berechtigung ab, hier von HRO zu sprechen:

> Within the set of hazardous organizations, some organizations have operated nearly error free for very long periods of time. These organizations are „high reliability" organizations […]. (Roberts, 1990a, S. 101)

Der Begriff *Reliability* (Zuverlässigkeit) wurde gewählt, da zum einen der Betrieb der Organisationen ein hohes Gefährdungsrisiko für Mitarbeiterinnen und Mitarbeiter, Bevölkerung und Umwelt beinhaltet und zum anderen die erbrachten Dienstleistungen wie Elektrizität und Transport einen wichtigen Stellenwert in der Gesellschaft einnehmen. Die Funktionsfähigkeit und die Kontinuität von Dienstleistung und Sicherheit sind deshalb aufrechtzuerhalten bzw. zu gewährleisten (Bourrier, 2009, S. 128).

Alle untersuchten Organisationen wiesen neben der Zuverlässigkeit weitere gemeinsame Merkmale auf. Unter anderen zeichnen sich HRO aus "[...] by their unique ability to operate high-hazard technological systems in a nearly error-free manner (Vogus & Welbourne, 2003, S. 878). La Porte betont die hohe Leistungsfähigkeit: HRO seien "[...] pressed to operate continuously at a level usually understood to be very much above average, often near peak capacity" (La Porte, 1996, S. 60f.). Bourrier deklariert HRO als Hochrisiko-Organisationen,

> […] d. h. die verwendeten Technologien bergen Risiken, deren potenzielle Folgen nicht nur die Mitglieder der Organisation, sondern auch die Bevölkerung sowie die Umwelt treffen. Es sind Organisationen, die unter den Bedingungen einer permanenten öffentlichen Überprüfung stehen […], und die über lange Zeiträume hinweg ein hohes Maß an Sicherheit und Zuverlässigkeit aufweisen. (Bourrier, 2009, S. 120).

Zusammenfassend können vier klassische Merkmale identifiziert werden, die alle betrachteten Organisationen aufweisen:

1) Extrem hohe Zuverlässigkeit im Sinne von Sicherheit

Ein wichtiges Definitionsmerkmal der HRO ist deren überdurchschnittliche Fehlerfreiheit. „Genau genommen ist es das kennzeichnende Merkmal [...], dass sich unerwartete Ereignisse seltener zu ausgewachsenen Krisen entwickeln." (Weick & Sutcliffe, 2010, S. 90) Die Organisationen sind auf Zuverlässigkeit ausgerichtet, sodass sie trotz ausgesetzter Gefährdungen im Bereich der Sicherheit als auch in der Produktion weiterhin fehlerfrei operieren.

2) Ungewissheit potenzieller Risiken des Betriebes im Sinne von technologischem Risiko

Daneben sind HRO technologisch bzw. technisch fortgeschritten, wodurch die Funktionsfähigkeit der Systeme optimiert und sichergestellt wird. Zugleich stellt deren Einsatz ein erhöhtes Gefahrenpotenzial dar, weil Fehler folgenschwere Auswirkungen haben (Roberts, 1990a, S. 106).

3) Verwendung komplexer Technologien

Charakteristisch für HRO ist häufig der Einsatz komplexer Systeme. Hierbei greifen die HRO-Forschungen auf ein Organisationsmerkmal der Normal-Accident-Theorie (NAT) zurück (vgl. Kapitel 5.1). Die Systeme treffen in komplexen Interaktionen aufeinander. Perrow (1992, S. 115) versteht unter "komplex" "Interaktionen mit unerwartetem Ablauf". In Hochrisikosystemen ist Komplexität bestimmt von gegenläufigen und komplizierten Mehrfachfunktionen zwischen Komponenten (Teilen, Einheiten, Subsystemen), der engen Nachbarschaft von Teilen oder Einheiten, neuartigen oder unbeabsichtigten Rückkopplungsschleifen und von indirekten Informationsquellen (Roberts, 1990a, S. 111; Roberts, 1990b, S. 163; Perrow, 1992, S. 124f.).

4) Kopplungen in Systemen

Als vierte Eigenschaft weisen HRO eine enge Kopplung der Systeme auf. Auch hier handelt es sich um ein übernommenes Organisationsmerkmal aus der NAT. Demzufolge neigen die Systeme zu einer erhöhten Anfälligkeit. Charakteristische Merkmale eng gekoppelter Systeme sind zeitgebundene Prozesse, die keine Verzögerungen des Betriebsablaufs ermöglichen, festgelegte Betriebsabläufe und Verfahren, welche oftmals nur einen einzigen Weg zur Zielverwirklichung zulassen, sowie geringer Spielraum für korrigierende Handlungen (Roberts, 1990a, S. 111; Roberts, 1990b, S. 163; Perrow, 1992, S. 132f.).

Angeregt von diesen ursprünglichen Forschungsarbeiten befasste sich eine Vielzahl anderer Wissenschaftlerinnen und Wissenschaftler mit der Weiterentwicklung und Anwendung der HRT, wobei die ursprüngliche Bedeutung des HRO-Begriffes über die Zeit verloren ging. Mitunter werden sämtliche Organisationen, die Risiken für die Bevölkerung bzw. für die Umwelt hervorrufen, als HRO betrachtet (Bourier, 2009, S. 124). Für dieses Buch sind die Forschungsergebnisse von Weick und Sutcliffe von der University of Michigan relevant. Neben den klassischen HRO analysierten sie Notaufnahmen in Krankenhäusern, Feuerwehrmannschaften in der Wald- und Flächenbrandbekämpfung, Unfalluntersuchungsteams und Verhandlungsteams bei Geiselnahmen. Ihre Erkenntnisse fassten sie in einem Managementratgeber zusammen. In Anlehnung an die in Berkeley geprägte Terminologie werden Organisationen dann als HRO bezeichnet, wenn sie: „[...] ständig unter sehr schwierigen Bedingungen arbeiten und [...] trotzdem weit weniger Unfälle und Störungen auftreten, als statistisch zu erwarten wären“ (Weick & Sutcliffe, 2010, S. 19). Zudem lösen sich die Autoren vom strukturellen Merkmal der komplexen Technologie und führen den Begriff der „achtsamen Organisationen“ (Hopkins, 2009, S. 9) ein. Auf organisationaler Ebene ist die kollektive Achtsamkeit durch fünf Merkmale charakterisiert, die den Grundstein der HRT bilden (vgl. Kapitel 4).

3.3 Kritische Infrastrukturen

Der Begriff *Kritische Infrastruktur* wurde erstmalig im Jahr 2003 während des Arbeitskreises KRITIS im Bundesministerium des Innern geprägt. Hierbei handelt es sich um Organisationen und Einrichtungen „mit wichtiger Bedeutung für das staatliche Gemeinwesen, bei deren Ausfall oder Beeinträchtigung nachhaltig wirkende Versorgungsengpässe, erhebliche Störungen der öffentlichen Sicherheit oder andere dramatische Folgen eintreten würden.“ (BMI, 2005, S. 6) Dem Begriff lassen sich überwiegend Organisationen und Einrichtungen der folgenden neun Sektoren zuordnen (BMI, 2011):

- Energie
- Informationstechnik und Telekommunikation
- Transport und Verkehr
- Wasser
- Gesundheit
- Ernährung
- Finanz- und Versicherungswesen

- Staat und Verwaltung
- Medien und Kultur

Die ersten vier erwähnten Sektoren gehören zu den technischen Basisinfrastrukturen, während die fünf letztgenannten sozioökonomische Dienstleistungsinfrastrukturen darstellen (BMI, 2009, S. 5). Innerhalb der Sektoren wurde seitens der Bundesressorts eine Untergliederung in 29 verschiedene Wirtschafts- und Geschäftszweige vorgenommen, z. B. in Elektrizität, öffentliche Wasserversorgung und Schienenverkehr (BBK, o. J.).

Die meisten der Kritischen Infrastrukturen zeichnen sich durch nachstehende vier Eigenschaften aus:

1) Kritikalität

Das definierende Merkmal Kritischer Infrastrukturen ist deren Kritikalität. Ihre Funktionsfähigkeit ist für die Gesellschaft von großer Bedeutung. Eine Beeinträchtigung oder ein Funktionsausfall hat nachhaltige Störungen im Gesamtsystem zur Folge. Die Kritikalität stellt in diesem Zusammenhang das relative „Maß für die Bedeutsamkeit einer Infrastruktur in Bezug auf die Konsequenzen“ (BMI, 2009, S. 5) dar.

2) Technologische Entwicklung

Zudem sind Kritische Infrastrukturen von der technologischen Entwicklung betroffen. In Teilbereichen, insbesondere auf dem Gebiet der Informationstechnologie, kommen Neuerungen zur Anwendung, die parallel zu den alten Verfahren eingesetzt werden. Sicherheitslücken und Schwachpunkte können durch inkompatible Systeme, unausgereifte und fehlerhafte neue Hard- und Software sowie ungeschultes Personal entstehen. Das Gesamtsystem ist dadurch anfälliger und fällt unter Umständen aus (BMI, 2011, S. 10).

3) Brancheninterne Vernetzung

Die brancheninterne Vernetzung über physische, virtuelle oder logische Netze nimmt an Größe und Komplexität zu. Diese Vernetzungen stellen neuralgische Punkte dar, deren Beeinträchtigung zu weitreichenden Ausfällen oder Schäden führt (ebd.).

4) Abhängigkeiten der Infrastruktursysteme

Ferner ist eine branchenübergreifende Verknüpfung zu beobachten, womit die zunehmende gegenseitige Abhängigkeit der Infrastruktursysteme gemeint ist. Die Beeinträchtigung in einem Infrastruktursektor kann wegen dieser Interdependenzen zu kaskadenartigen Ausfällen führen. Eine besondere Rolle spielt die Stromversorgung; nahezu sämtliche Dienstleistungs- und Produktionsprozesse sind auf eine funktionierende Stromversorgung angewiesen (ebd.). Die gegenseitigen Abhängigkeiten veranschaulicht Abbildung 3.

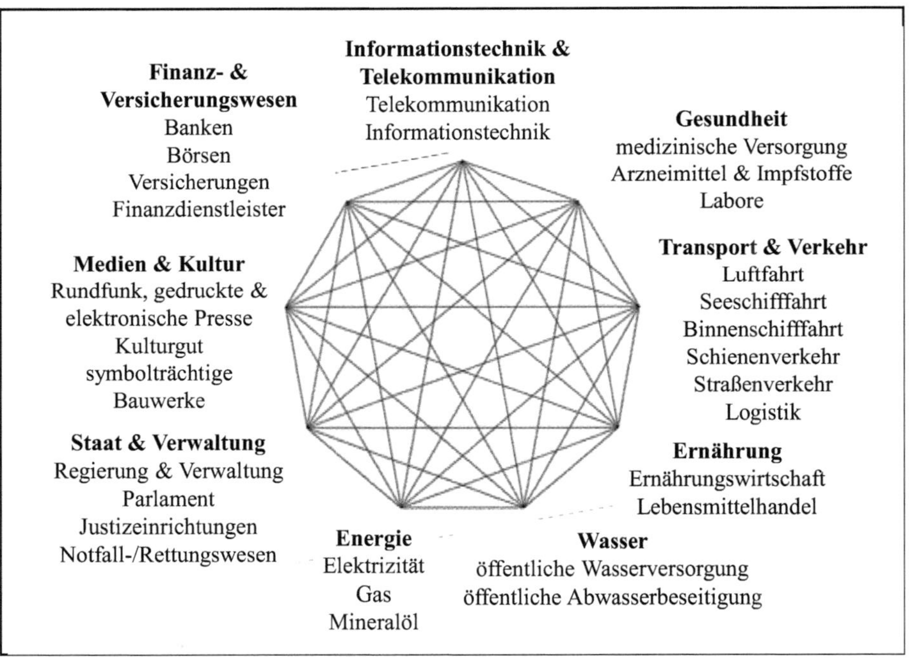

Abb. 3: Abhängigkeiten Kritischer Infrastrukturen (eigene Darstellung angelehnt an BMI, 2011, S. 10).

3.4 High-Reliability-Organisationen vs. Kritische Infrastrukturen

Zum Zwecke einer ersten Unterscheidung zwischen Kritischen Infrastrukturen und HRO bietet es sich an, die Organisationen zu klassifizieren. Anhand der Kriterien *technologisches Risiko* und *Zuverlässigkeit* werden vier Klassen unterschieden. Diese beiden Merkmale wurden zur Abgrenzung herangezogen, weil sie im Rahmen der HRO-Forschungen zentrale Schlüsselbegriffe darstellen. Bestehende Organisationen können unter Zuhilfenahme dieser Merkmale im Rahmen einer Vier-Felder-Matrix zugeordnet werden:

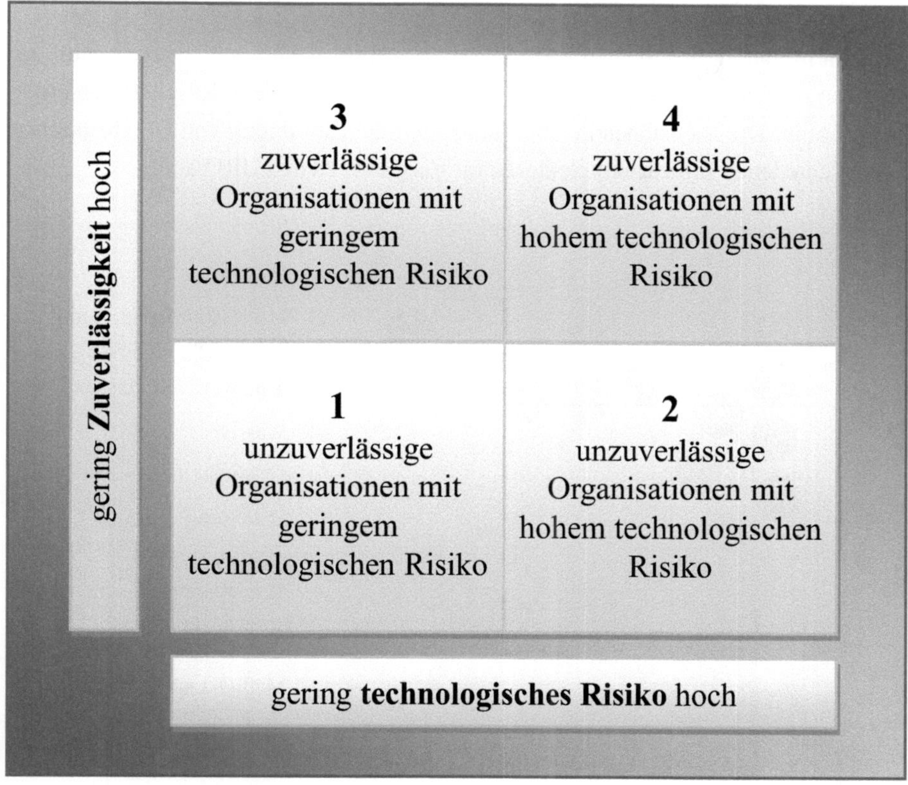

Abb. 4: Verhältnis von Zuverlässigkeit und technologischem Risiko (eigene Darstellung angelehnt an Roberts, 1990a, S. 110).

Der Begriff *Zuverlässigkeit* ist im Kontext der HRO-Forschungsarbeiten mit Sicherheit und einer möglichst großen Fehlerfreiheit gleichzusetzen (Roberts, 1990a, S. 101-102). Kenngrößen sind das Ausbleiben von Fehlern, Störungen, Zwischenfällen und Unfällen über einen längeren Zeitraum hinweg.

Das technologische Risiko bezieht sich hier auf das Schadensausmaß bedingt durch den Einsatz technologischer Systeme. In extrem risikoreichen Technologien kann der geringste Fehler katastrophale Folgen für Mensch und Umwelt haben. Besonders risikoreiche Technologien zeichnen sich, wie in Kapitel 3.2 erläutert, durch komplexe Interaktionen und eine enge Kopplung aus (Perrow, 1992, S. 95). Beispielhafte Kenngrößen sind die Anzahl der Betroffenen sowie der Verletzten und Toten, der finanzielle Schaden sowie die Schäden für Umwelt und Gesundheit.

Die Einordnung Kritischer Infrastrukturen in dieses Diagramm erfolgte auf der Grundlage einer eigenen subjektiven Einschätzung und dient lediglich als grobe Orientierung. Die nachstehende Abbildung zeigt die Zuordnung von Organisationen aus verschiedenen Infrastruktursektoren im Vergleich zu den HRO auf.

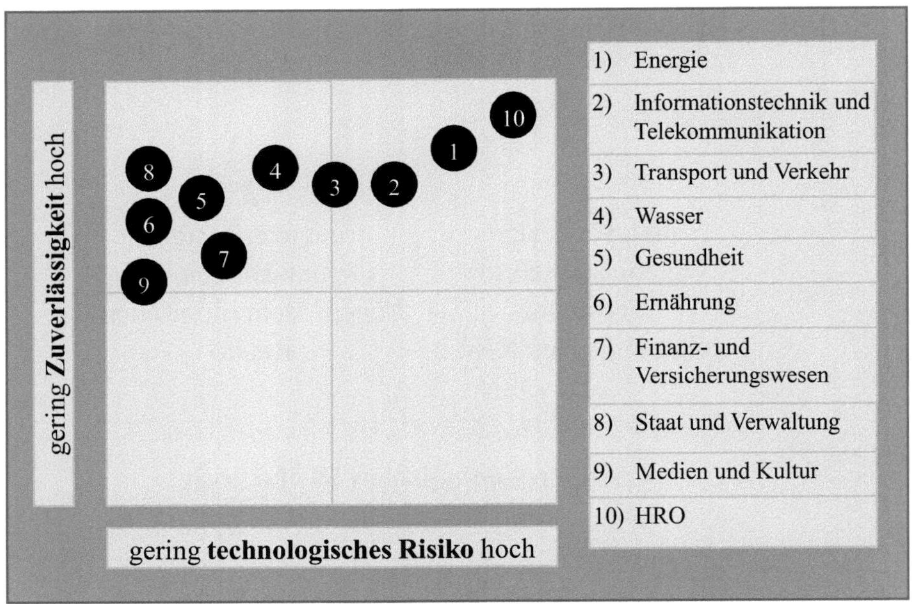

Abb. 5: Zuordnung von Organisationen aus verschiedenen Infrastruktursektoren (eigene Darstellung).

Aus der Einordnung geht hervor, dass sich alle Einrichtungen im dritten und vierten Quadranten wiederfinden: Ihnen ist gemeinsam, dass sie zuverlässig funktionieren müssen. Das Zuverlässigkeitsstreben ist auf das zunehmende öffentliche Interesse zurückzuführen. Insbesondere die Ereignisse des 11. September 2001 haben die Verwundbarkeit offener Gesellschaften aufgezeigt und zu einem gemeinsamen Vorgehen von Staat und Wirtschaft geführt. Der Schutz und die langfristige Absicherung Kritischer Infrastrukturen sind dabei nicht nur im elementaren Interesse der Unternehmen, sondern auch der Bürgerinnen und Bürger (BMI, 2005, S, 1). Ferner ist der Abbildung zu entnehmen, dass Kritischen Infrastrukturen ein geringeres technologisches Risiko anhaftet als den HRO. Im direkten Vergleich zu den klassischen HRO agieren sie mit weniger hochkomplizierten und gefährlichen Technologien. Grundsätzlich ist das Risiko bei den technischen Basisinfrastrukturen höher zu bewerten als bei den sozioökonomischen Dienstleistungsinfrastrukturen. Den stärksten Bezug zu den HRO weisen Organisationen aus dem Sektor *Energie* auf. Diesen wohnt wie den HRO ein sehr hohes technologisches Risiko inne, das zu Versorgungsengpässen der Bevölkerung und weiteren Domino- oder Kaskadeneffekten führen kann. Da sich Ausfälle oder Störungen in der Stromversorgung unmittelbar und sehr stark auf die anderen Sektoren auswirken, nimmt die zuverlässige Energieversorgung einen großen Stellenwert ein. Störungen und Ausfälle mit erheblichem Ausmaß sind im Vorfeld durch geeignete Maßnahmen zu vermeiden.

In der nachfolgenden Tabelle werden die Abgrenzungskriterien der Zuverlässigkeit und weitere Merkmale überblicksartig dargestellt. Mittels der Statusangaben „+", „Ø" und „x" wird verdeutlicht, inwieweit eine Übereinstimmung gegeben ist (+: starke Übereinstimmung; Ø: mittelgroße Übereinstimmung; x: kaum/keine Übereinstimmung).

HRO	KRITIS-Einrichtungen
Zuverlässigkeit	[**+**] Ø x
„HROs need to maintain failure-free operations because their technologies are sufficiently hazardous that the first error can be the last trial." (Vogus & Welbourne, 2003, S. 878)	uneingeschränkte Verfügbarkeit, da jeder Ausfall oder jede Beeinträchtigung weitreichende Folgen für die Bevölkerung und darüber hinaus hat (BMI, 2011, S. 7)
Technikzentriertheit	+ [**Ø**] x
„HROs [...] are technologically advanced" (Roberts, 1990a, S. 106)	speziell bei den technischen Basisinfrastrukturen (BMI, 2011, S. 10)
Komplexität	[**+**] Ø x
durch Verwendung komplexer Technologien, Potenzial für unerwartete Situationen u. a. (Roberts, 1990a, S. 111)	Infrastrukturen sind komplexe Systeme, von denen eine Vielzahl von Versorgungsfunktionen abhängt. (BBK, o. J.)

HRO	KRITIS-Einrichtungen
enge Kopplung	+ ø x
„The technologies of these organizations are tightly coupled, mechanistic, and brittle […].“ (Roberts, 1990a, S. 108)	i. S. v. brancheninternen Vernetzungen und branchenübergreifenden Verknüpfungen (BMI, 2011, S. 10)
zentrales Organisationsziel	+ ø x
Organisationskultur einer hohen Zuverlässigkeit: in Form von Fehlerfreiheit sowie Aufbau und Erhalt von organisationaler Sicherheit (Bourrier 2009, S. 124f.)	vorrangig ökonomisch orientiert: Fehlerfreiheit allenfalls Mittel zum Zweck der Erreichung anderer Unternehmensziele, z. B. Kundenzufriedenheit, Produktionseffizienz, ökonomische Wertschöpfung
Verletzbarkeit bzw. Stör- und Anfälligkeit	+ ø x
insbesondere bedingt durch komplexe Interaktionen und enge Kopplung der Systeme (Roberts, 1990a, S. 111)	bedingt durch Naturgefahren, technisches oder menschliches Versagen und vorsätzliche Handlungen mit terroristischem oder kriminellem Hintergrund sowie kriegerische Auseinandersetzungen (BMI, 2011, S. 22)
Organisationsprinzipien	+ ø x
Antizipationsfähigkeiten, um unvorhersehbare Extremsituationen anhand von Frühsignalen zu erkennen sowie Improvisationsvermögen, um auf plötzliche Veränderungen zu reagieren (Weick & Sutcliffe, 2010, S. 69)	subjektive Risikowahrnehmung, Orientierung an vergangenen Erfolgen und Gefahr der Unachtsamkeit durch eingeschränkte Wahrnehmung (BMI, 2011, S. 9)
Managementkonzept	+ ø x
Konzept der gemeinsamen Achtsamkeit (Collective Mindfulness)	u. a. Konzept zum Risiko- und Krisenmanagement zum Schutz Kritischer Infrastrukturen

HRO	KRITIS-Einrichtungen
beispielhafte Organisationen	+ o x
• Stromnetzbetreiber • atombetriebene Flugzeugträger • Flugkontrollsysteme • Kernkraftwerke (Bourrier, 2009, S. 123f.)	Betreiber aus den Sektoren (BMI, 2011, S. 8): • Energie • Informationstechnik/Telekommunikation • Transport/Verkehr • Gesundheit • Wasser • Ernährung • Finanz- und Versicherungswesen • Staat und Verwaltung • Medien • Kultur

Tab. 1: Gegenüberstellung von HRO und KRITIS-Einrichtungen hinsichtlich verschiedener Merkmale (eigene Darstellung).

Aus der vorgenommenen Klassifikation lässt sich ableiten, dass Kritische Infrastrukturen trotz gewisser Schnittmengen nicht mit den klassischen HRO vergleichbar sind. Aus diesem Grund wird auf bereits existierende Forschungserkenntnisse zu Kritischen Infrastrukturen in dieser Arbeit nicht weiter eingegangen.

4 Theoretischer Hintergrund

High-Reliability-Organisationen zeichnen sich durch besondere Merkmale und Faktoren aus, die ihnen ermöglichen, sicher und zuverlässig zu agieren. Das folgende Kapitel vermittelt die Grundlagen, auf denen zuverlässige Organisationen agieren, und nimmt Bezug auf Erwartungen, unvorhergesehene Ereignisse und die Fähigkeit des achtsamen Organisierens (Kapitel 4.1). Im Anschluss wird das Konzept der High-Reliability-Theorie (HRT) mit seinen fünf Prinzipien vorgestellt: Zum einen werden die drei Antizipationsprinzipien, die sich auf Fehler, Vereinfachungen und betriebliche Abläufe beziehen, erläutert (Kapitel 4.2). Zum anderen werden die zwei Eindämmungsprinzipien erörtert, die auf Flexibilität sowie fachliches Wissen und Können ausgerichtet sind (Kapitel 4.3).

4.1 Grundlagen zuverlässiger Organisationen

4.1.1 Erwartungen

Erwartungen können als Annahmen aufgefasst werden, „die unsere Entscheidungen lenken, als Anregungen, wie die Welt auf unsere Handlungen reagieren wird, und als Hypothesen, die auf eine Überprüfung warten." (Weick & Sutcliffe, 2010, S. 27).

Die Verhaltensentscheidungen von Personen sind somit abhängig von deren jeweiligen Erwartungen (ebd.). Erwartungen haben Einfluss auf die menschliche Wahrnehmung, die Gedanken und die Erinnerungen und lenken damit die Aufmerksamkeit auf bestimmte Merkmale von Ereignissen. Menschen neigen dazu, ihre Erwartungen zu bestätigen und gegenteilige Wahrnehmungen auszublenden (ebd., S. 29). Trotz widersprüchlicher Anhaltspunkte führt die Neigung zu Bestätigung zu einer fortwährenden Beibehaltung der Erwartungen (Reason, 1992, S. 97). Untersuchungen haben dabei gezeigt, dass der Hang zur Bestätigung auf das Streben nach Übersichtlichkeit, Bestimmtheit über die Situation und Erfolg zurückzuführen ist. Ein Mittel, getroffene Annahmen aufrechtzuerhalten, ist die hypothesengerechte Informationsauswahl. Im Einklang stehende Informationen werden bevorzugt gesammelt, gegenteilige Annahmen werden hingegen nicht zur Kenntnis genommen (Dörner, 2011, S. 135f.).

Darüber hinaus stehen Erwartungen in einem engen Zusammenhang mit den Rollen, Routinen und Strategien in einer Organisation und sind laut Weick und Sutcliffe

(2010, S. 25) ein integraler Bestandteil dieser Merkmale und Abläufe. In der Praxis kommen Erwartungen in Routinen und Plänen zum Ausdruck. Der zuvor beschriebene Hang zur Bestätigung gilt ebenso für die bestehenden Routinen und Pläne in einer Organisation. Sie verleiten zu einem verengten Blick, der nach Beweisen für deren Richtigkeit sucht. Das Streben nach Bestätigung erschafft einen (vermeintlichen) Zustand von Ordnung und Sicherheit (ebd., S. 28f.). Durch diese Bestätigungstendenz können mindestens zwei Probleme auftreten:

1) Durch einseitige Wahrnehmungen werden allmähliche Entwicklungen des Unerwarteten übersehen (Weick & Sutcliffe, 2010, S. 28). Eine solche Strategie der Absicherung der eigenen Hypothesen kann bewirken, dass die negativen Konsequenzen des eigenen Handelns bewusst ignoriert werden. Einer Konfrontation wird aus dem Weg gegangen, wodurch die persönliche Kompetenzillusion aufrechterhalten bleibt (Dörner, 2011, S. 271ff.).
2) Die Gültigkeit der aktuellen Erwartung wird oftmals überschätzt (Weick & Sutcliffe, 2010, S. 28). Der Erfolg einer Handlung führt zur Wiederkehr von Verfahren und zu Planungsoptimismus. Die vorherrschenden Methoden scheinen allen auftretenden Problemen gerecht zu werden. Allerdings bleibt dadurch die Individualität einer Situation unberücksichtigt. Da negative Folgen nicht einkalkuliert werden, sind unreflektierte Methoden somit als Mitauslöser für Katastrophen zu betrachten (Dörner, 2011, S. 257ff.).

Die nachstehende Abbildung spiegelt den Kreislauf der Bestätigungstendenz nochmals wider.

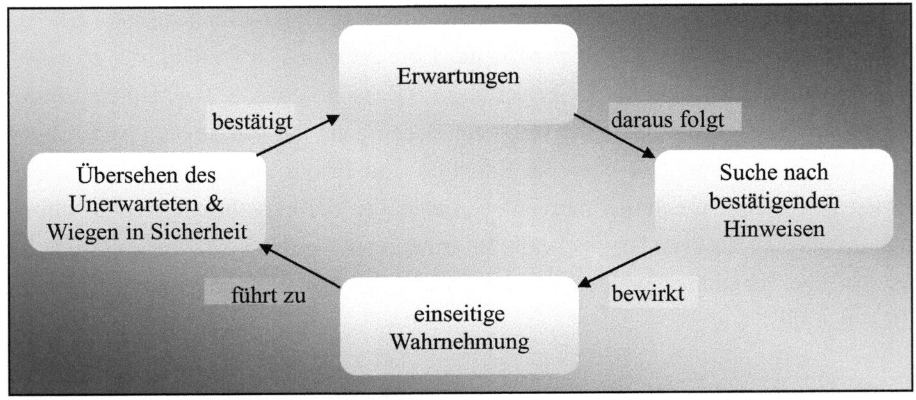

Abb. 6: Bestätigungstendenz (eigene Darstellung).

4.1.2 Umgang mit unerwarteten Ereignissen

Weick und Sutcliffe (2010, S. 30ff.) gehen davon aus, dass unerwartete Ereignisse in drei Formen auftreten können. Diese sind:

- das Ausbleiben erwarteter Ereignisse
- der Eintritt eines äußerst unwahrscheinlichen Ereignisses
- der Eintritt eines nicht vorstellbaren Ereignisses

Bei allen Varianten von unerwarteten Ereignissen ist die Erwartung Ausgangspunkt für die jeweilige Entwicklung. Wie bereits im vorigen Abschnitt dargestellt, hängt der Eintritt eines Ereignisses von den Erwartungen ab. Durch die permanente Suche nach bestätigenden Hinweisen werden Schwachstellen, mitunter Sicherheitslücken, erst verzögert wahrgenommen. Je später das Problem erkannt wird, desto schwieriger ist es zu beheben. Folglich ist das System anfällig für kritische Ereignisse; die Sicherheit und das Image des Unternehmens sind in Gefahr.

Um diese Entwicklung frühzeitig zu verhindern, haben HRO Mechanismen eingeführt, um die Aufmerksamkeit für Details zu stärken. Ziel von HRO ist es, die dritte Form unerwarteter Ereignisse zu verbessern, indem die Vielfalt für vorstellbar gehaltener Möglichkeiten gesteigert wird, also das Undenkbare versucht wird zu denken. Dadurch gelingt es ihnen, der Bestätigungstendenz entgegenzuwirken. Die Einnahme verschiedener Blickwinkel und die Offenheit gegenüber Abweichungen und Problemen wirken sich positiv auf Fantasie, Erwartungen, Skepsis, Diskrepanzen und Lernprozesse aus (Weick & Sutcliffe, 2010, S. 30ff.).

4.1.3 Achtsamkeit

Unter *Achtsamkeit* wird verstanden, „dass man sich auf ein klares und detailliertes Verständnis auftauchender Bedrohungen und auf die Faktoren konzentriert, die ein solches Verständnis beeinträchtigen können. [...] Das Ziel ist, die Geistesgegenwart zu stärken und alles auszuschließen, was einer größeren Ruhe und Gelassenheit entgegensteht.“ (Weick & Sutcliffe, 2010, S. 35f.). Achtsamkeit ist nach Weick & Sutcliffe (ebd., S. 36ff.) durch folgende Merkmale gekennzeichnet:

- die Stärkung der Fähigkeit, am Wahrnehmungsgegenstand festzuhalten
- die Fähigkeit, sich nicht ablenken zu lassen
- eigene Wahrnehmungen lebendig und detailliert zu schildern

- die Fähigkeit eines Systems, sich auf den gegenwärtigen Augenblick zu konzentrieren

Durch achtsame Praktiken werden Wachsamkeit, Konzentration und geschärfte Wahrnehmung erzeugt (ebd., S. 39). Hierdurch ergeben sich frühzeitig Hinweise auf unangemessene Erwartungen (ebd., S. 25), und potenzielle Störungen bleiben im Bewusstsein (ebd., S. 27). Einer unbemerkten Entwicklung von kleinen Diskrepanzen zu Riesenproblemen wird so entgegengewirkt (ebd., S. 36).

Aus den Beobachtungen von HRO wurden verschiedene Grundsätze abgeleitet, die eine achtsame Auseinandersetzung mit Erwartungen sicherstellen. Hierbei beinhaltet die Schlüsselfähigkeit der Achtsamkeit fünf Dimensionen und umfasst sowohl Prinzipien der Antizipation (Konzentration auf Fehler, Abneigung gegen vereinfachende Interpretationen, Sensibilität für betriebliche Abläufe) als auch der Eindämmung (Streben nach Flexibilität und Respekt vor fachlichem Wissen und Können) (Weick & Sutcliffe, 2010, S. 9ff.). Die bisher getrennt voneinander betrachteten Erwartungen, das Unerwartete und die Achtsamkeit werden durch diese Prinzipien miteinander verbunden. Anhand dieser fünf Grundsätze gelingt es HRO, einen zuverlässigen Betrieb aufrechtzuerhalten. Sie dienen als Grundlage von Denkprozessen und Verhaltensanleitungen in High-Reliability-Systemen (ebd., S. 46).

4.2 Prinzipien der Antizipation

4.2.1 Konzentration auf Fehler

Ein kennzeichnendes Merkmal von HRO ist die ununterbrochene Beschäftigung mit Fehlern. Diese Offenheit gegenüber Fehlern äußert sich in zwei Aspekten:

- in einem äußerst aufmerksamen Achten auf alle noch so schwachen Signale für Störungen
- in der Verdeutlichung von Fehlern, die auf keinen Fall geschehen dürfen

Die Entwicklung von anfänglich kleinen Diskrepanzen bis hin zu sicherheitskritischen Ereignissen ist durch Signale bzw. Anzeichen charakterisiert, die sich im weiteren Verlauf einer Krisenphase verschärfen (Weick & Sutcliffe, 2010, S. 49). Durch die Konzentration auf Fehler werden die Abweichungen frühzeitig bemerkt, sodass die Störungen ohne große Schwierigkeiten behoben werden und daraus Lehren gezogen werden können (ebd., S. 68). Dieses Prinzip beruht auf der Grundidee, dass trotz detaillierter Sicherheitsvorkehrungen und Verfahrensrichtlinien nach noch so kleinen Abweichungen, fehlenden Ressourcen, Missverständnissen oder Irrtümern Ausschau gehalten wird. Ziel ist es, Fehlerquellen so früh wie möglich zu identifizieren, damit mehr Handlungsspielräume zur Behebung offenstehen (ebd., S. 50).

Zur Identifizierung des Ursprungs bzw. der Ursache von Fehlern greift die HRT auf die wegweisenden Arbeiten des Fehlerforschers James Reason zurück. Reason liefert Erkenntnisse darüber, wo unvorhergesehene Ereignisse auftreten und welche Maßnahmen zur Sicherheit beisteuern können (vgl. Kapitel 5.3). Nach dieser Theorie ist es besonders ratsam, die latenten Systemzustände zu beeinflussen (Reason, 1994, S. 258). Latente Fehler frühzeitig zu erkennen, wird als bedeutsamer Beitrag zur Sicherheit gesehen (ebd., S. 223). Das Wissen über die Fehlerursachen führt bei HRO zu einer unablässigen Beschäftigung mit Fehlern (Weick & Sutcliffe, 2010, S. 56). Die Schwierigkeit besteht dabei im frühen Erkennen von Fehlerquellen, da sich in diesem Stadium das Auffinden und Erfassen schwacher Signale (vgl. Kapitel 3.1) problematisch gestaltet (ebd., S. 50).

Aus diesen Betrachtungen heraus werden die folgenden zwei HRO-Indikatoren aufgestellt, die im Verlauf der empirischen Erhebung untersucht werden:

- Identifikation latenter Fehler
- Bewertung latenter Fehler, die auf keinen Fall vorkommen dürfen

Die Auswirkungen einer nachlässigen Früherkennung von sich andeutenden Warnzeichen lassen sich an folgendem Fall verdeutlichen.

Rechenfehler im Pentium-Prozessor (Intel)
Der US-amerikanische Halbleiterhersteller *Intel Corporation* führte im Jahr 1993 einen Pentium-Prozessor in den Markt ein, der die Innovations- und Qualitätsführerschaft auf dem Markt für Computerprozessoren sichern sollte. Kurze Zeit nach der Markteinführung informierte ein Mathematik-Professor Intel über einen Rechenfehler, der bei bestimmten Rechenoperationen zu einem Rundungsfehler führte. Die Beschwerde wurde von Intel ignoriert und nicht ernst genommen. Intel kannte sogar das Problem bereits und war sich dessen bewusst, jedoch wur-

den keine Konsequenzen daraus gezogen. Das Unternehmen behandelte den Fall als „Insiderproblem". Der Mathematik-Professor wandte sich mit seinem Anliegen daraufhin an andere Internetnutzerinnen und -nutzer und veröffentlichte eine Nachricht in einem Internetforum. Seine Problemschilderung löste eine große Diskussion von mehr als 10.000 Nachrichten im Internet aus. Die Medien griffen das Problem auf und verbreiteten weltweit negative Berichterstattungen (Töpfer, 1999, S. 242ff.; Sheffi, 2006, S. 253f.).

Dieses Beispiel zeigt, dass es Intel versäumt hat, eine Identifikation und Bewertung latenter Fehler vorzunehmen. Sämtliche Frühindikatoren, die auf eine bevorstehende Krise hindeuteten, wurden missachtet, eine Früherkennung hat somit nicht stattgefunden. Sowohl der Hinweis des Mathematik-Professors als auch die eigenen Erkenntnisse über den Rechenfehler führten zu keinerlei Reaktionen. Selbst die zunehmende Kritik im Internet erwiderte Intel inhaltlich nicht. Die negative Berichterstattung und der damit verbundene Reputationsverlust hätten sehr wahrscheinlich u. a. durch ein Frühwarnsystem, verhindert werden können.

4.2.2 Abneigung gegen vereinfachende Interpretationen

Unternehmen neigen dazu, komplexe Situationen zu strukturieren und zu vereinfachen. Diese Tendenz zur Abstraktion ist dadurch gekennzeichnet, dass verschiedenartige Besonderheiten und Details allgemeinen Kategorien zugeordnet werden (Tsoukas, 2005, S. 124). Solche allgemeinen Kategorien beschränken jedoch die Wahrnehmungsmöglichkeiten und lenken von Details ab. Die Signale bzw. Anzeichen für anfänglich kleine Diskrepanzen und damit einhergehend das rechtzeitige Erkennen von Fehlern gehen durch Abstraktionen in Form von Kategorienbildungen verloren (Weick & Sutcliffe, 2010, S. 61).

Um dieser Problematik entgegenzuwirken, setzen HRO Methoden ein, die die Tendenz zur Vereinfachung verringern. Dabei folgen sie dem Grundsatz, dass komplexe Probleme auch eine komplexe Problemlösung benötigen. HRO begegnen allen Vereinfachungen mit Skepsis, Vorsicht und Achtsamkeit (Weick & Sutcliffe, 2010, S. 57). Ihre Intention richtet sich ganz bewusst darauf, die Wahrnehmungsfähigkeit zu steigern, indem sie sich für ein umfassendes Vorstellungsspektrum einsetzen, denn Fantasie, Erwartungen, Skepsis, Diskrepanzen und Lernprozesse werden von Offenheit und Perspektivwechseln positiv beeinflusst (ebd., S. 31f.).

Konkret erreichen HRO diese Absicht nach Weick & Sutcliffe (2010, S. 59ff.) u. a. durch:

- ständige Interaktionen zwischen den Beschäftigten
- Diskussion konträrer Standpunkte und Ideen
- interdisziplinäre Teamzusammensetzung in Meetings
- Bildung von Generalisten-Teams (Teambesetzung mit Mitarbeiterinnen und Mitarbeitern eines breiten Erfahrungsspektrums)
- klare und präzise Formulierung der eigenen Wahrnehmungen bzw. Beobachtungen statt Beschränkung auf allgemeine Bezeichnungen
- häufige Job-Rotationen
- ständige Fortbildung

Die in diesem Unterkapitel dargelegten Ausführungen umfassen Maßnahmen aus den verschiedensten Bereichen. Um eine spätere Zuordnung zum HRO-Prinzip der Abneigung gegen vereinfachende Interpretationen zu ermöglichen, werden diese zu folgenden beiden Faktoren zusammengeführt:

- Perspektivenvielfalt
- geteilte Informationen und Interpretationsschemata

Die Betrachtung des folgenden Falles zeigt, wie eine kurzsichtige Planung zu Umsatzverlusten und unzufriedenen Kundinnen und Kunden führen kann.

Verzögerungen in der Ersatzteilversorgung (BMW)
Im Zeitraum von Anfang Juni bis Oktober 2013 kam es im Zentrallager Dingolfing des Automobilherstellers BMW zu Engpässen in der Ersatzteilversorgung. Der Auslöser war eine Software-Umstellung im zentralen Logistiksystem (Kiewitt, 2013a). Etwa zehn Prozent der Teile waren laut Aussage eines Unternehmenssprechers nicht umgehend verfügbar (ebd.). Nach Angaben des Betriebsrats standen 1.200 Fahrzeuge in den Niederlassungen, die nicht repariert werden konnten (Krix, 2013). Der hierbei entstandene Arbeitsrückstand von 200.000 Ersatzteilen führte zu wochenlangen Lieferverzögerungen in den Werkstätten (Kiewitt, 2013b). Insgesamt waren in Deutschland rund 300 Werkstätten betroffen, die das Lager direkt beliefert. Zudem führte der Lieferengpass zu einer weltweiten Kettenreaktion, da über das Zentrallager die Bestelleingänge für 40 Ver-

teilzentren zusammenlaufen. Der Betriebsrat führt als Gründe "Fehler im Management und eine „kurzsichtige Planung" an (Krix, 2013).

Wie sich aus der Aussage des Betriebsrats ergibt, führte u. a. eine kurzsichtige Planung zu Engpässen in der Ersatzteilversorgung. Es liegt damit nahe, dass in diesem Fallbeispiel die Faktoren Perspektivenvielfalt, geteilte Informationen und Interpretationsschemata keine herausragende Rolle einnahmen. Bei der Entscheidung für eine neue Software hat das Unternehmen zu sehr darauf vertraut, dass die Umstellung hierauf erfolgreich verlaufen würde. Vermutlich aus Kostengründen wurden keine alternativen Möglichkeiten für eine Absicherung des Logistiksystems betrachtet. Eine Einnahme verschiedener Perspektiven hätte möglicherweise Aufschluss über potenzielle Risikofelder geliefert. Zum einen hätte hierbei das Wissen anderer Unternehmen im Umgang mit dieser Software in Erfahrung gebracht werden können. Zum anderen hätten die mit der Umstellung verbundenen Risiken durch eine Risikoanalyse identifiziert werden können. Je nach Bewertung des Risikos sind unterschiedliche Strategien der Risikosteuerung realisierbar; diese können sein: *Risiken vermeiden*, *reduzieren*, *transferieren* oder *akzeptieren*.

Das Risiko durch einen Ausfall oder eine Fehleranfälligkeit des gesamten Systems kann beispielsweise durch eine sukzessive Umstellung reduziert werden. Das bietet den Vorteil, dass frühzeitig Erfahrungen gesammelt werden, die wiederum in der weiteren Umstellungsphase berücksichtigt werden können. Des Weiteren stellt der Aufbau von Redundanzen eine risikomindernde Handlungsoption dar. Durch eine erhöhte Bevorratung von Ersatzteilen durch die Lieferanten können unerwartete negative Auswirkungen in der Ersatzteilversorgung zeitweise ausgeglichen werden.

4.2.3 Sensibilität für betriebliche Abläufe

Sensibilität für betriebliche Abläufe zeichnet sich durch folgende Aspekte aus:

- Überwachung der erwarteten Wechselwirkungen in einem komplizierten und schwer durchschaubaren System
- sofortiges Reagieren auf unerwartete Wechselwirkungen (Perin, 2005, S. xvi).

Kennzeichen der Sensibilität sind Zweifel, Forschergeist und spontane Interpretationen. In erster Linie richtet sich die Aufmerksamkeit auf das alltägliche Tagesgeschäft, bei dem konzentriert nach kleinen Abweichungen und Störungen im Betrieb gesucht wird. Während der Arbeitsausführung steht die Arbeit selbst im Mittelpunkt, unabhängig von bestehenden Absichten, Aufgabenbeschreibungen und Plänen. Die vorgegebenen Richtlinien und Anweisungen werden nicht unreflektiert übernommen, sondern bei jeder Aktivität überprüft (Weick & Sutcliffe, 2010, S. 63f.). Eine Voraussetzung für die Entwicklung von Sensibilität ist die Unterstützung des Topmanagements, das die Ziele, Situationen und Zusammenhänge zur Aufrechterhaltung des Betriebes transparent darlegt und kommuniziert (Weick & Sutcliffe, 2003, S. 78).

Die Sensibilität für betriebliche Abläufe kann durch verschiedene Gefährdungen beeinträchtigt werden. Eine erste Hauptgefahr stellt eine technikgläubige Organisationskultur dar. In einer solchen Kultur hat das auf Erfahrung beruhende Wissen Nachrang gegenüber dem quantitativen, messbaren und methodischen Wissen. Die zweite Gefahr wird in Routinetätigkeiten gesehen, da diese zu einem gedankenlosen Handeln verleiten. Häufig werden Unfälle und Störungen nicht von Anfängerinnen bzw. Anfängern begangen, sondern von Personen mit einer langjährigen Berufserfahrung. Routine führt zu automatischen Handlungsabläufen, die eine vermeintliche Sicherheit erzeugen (Schaub, o. J., S. 8). Einerseits führt Routine durch Leistungsverbesserung und Perfektionierung zu einer stetigen Effizienzsteigerung. Andererseits bewirkt sie, dass veränderte Umweltbedingungen nicht mehr so sensibel wahrgenommen werden. Eine Reflektion über den gegenwärtigen Sinn der durchgeführten Tätigkeiten findet immer weniger statt (Koch, 2008, S. 105). Schließlich besteht eine weitere Gefahr in der Überschätzung der Verlässlichkeit betrieblicher Abläufe. Sollten aus Beinahe-Katastrophen falsche Rückschlüsse gezogen werden, kann dies mittel- bis langfristig verheerende Folgen für das Unternehmen haben. Die Abwendung einer Katastrophe würde als Erfolg gewertet werden und das Vertrauen in das bestehende Notfall- und Krisenmanagement bekräftigen. Dabei würde keine Anpassung der bestehenden Strukturen und Verfahren vorgenommen werden, wodurch latente Fehler weiter zunähmen (vgl. Abbildung 7 in Kapitel 5: Systemcharakter der Unfallverursachung).

HRO sind sich diesen Gefährdungen bewusst und begegnen den Risiken durch verschiedene Handlungsmuster. In der Kultur von HRO haben das objektive, auf rationalen Fakten beruhende Wissen und das qualitative, erfahrungsgestützte, kontextabhängige Wissen den gleichen Stellenwert. Auf diese Weise wird dafür gesorgt, dass kleinere Fehlfunktionen, differenzierte Kategorien und spontane Veränderungen der aktuellen Situation entdeckt werden. Um das Mitarbeiterwissen zu nutzen, wird großer Wert auf gute Beziehungen und Wissensaustausch gelegt. Regelmäßige Arbeitstreffen und das direkte Gespräch liefern hierbei Informationen über den derzeitigen Betrieb und das Umfeld. Darüber hinaus werden die Mitarbeiterinnen und Mitarbeiter zu einer bewussten Arbeitsausführung motiviert. Routinearbeiten werden mit großer Achtsamkeit durchgeführt, wobei erkannte Widersprüchlichkeiten nicht hingenommen, sondern beleuchtet, aktualisiert und an die veränderten Bedingungen angepasst werden. Hierbei werden die Lernerfahrungen der Mitarbeiterinnen und Mitarbeiter berücksichtigt. Von der geltenden Weisungslage in Form von Befehlen und Regeln wird situationsbezogen abgewichen, um sich den veränderten Bedingungen anzupassen. Des Weiteren ziehen HRO aus Beinahe-Unfällen wichtige Erkenntnisse. Sie betrachten solche Ereignisse als eine Art Versagen, das einen potenziellen Gefahrenherd aufzeigt, und nutzen sie als Chance zur Verbesserung (Weick & Sutcliffe, 2010, S. 64ff.).

Die bis hierhin dargelegten Inhalte zur Sensibilität für betriebliche Abläufe werden zu folgenden HRO-Faktoren zusammengefasst, die in der weiteren Untersuchung miteinbezogen werden:

- Verantwortlichkeit der Führung
- Wissens-/Informationsaustausch über Betriebsabläufe

Anhand des folgenden Beispiels wird die unterschätzte Bedeutung einer adäquaten Krisenkommunikation offensichtlich.

Der nicht bestandene Elchtest der A-Klasse (Daimler-Benz)

Bei einem durch eine schwedische Automobil-Zeitschrift durchgeführten Ausweichtest ist im Jahr 1997 ein Daimler-Benz-Fahrzeug der A-Klasse umgekippt. Bei diesem sogenannten *Elchtest* wird ein Ausweichmanöver mit ca. 65 km/h ohne zu bremsen durchgeführt. Ein paar Tage nach dem Ereignis wurde durch das Unternehmen eine zehnköpfige Task-Force einberufen, die sich intensiv mit der Problembehebung auseinandersetzte. Der damalige Vorstandsvorsitzende war in allen Aktivitäten intern einbezogen. Für die Öffentlichkeit war er zunächst weitgehend nicht in Erscheinung getreten.

Für die Presse und die Öffentlichkeit war bis dahin nicht ersichtlich, dass Daimler-Benz konkrete Maßnahmen einleitete. Durch die lange Phase einer nicht aktiven Kommunikation entstand der Eindruck, dass sich das Unternehmen nicht angemessen mit der Problemlösung befasste. Erst acht Tage nach dem Vorfall wurden gegenüber der Presse Verbesserungsmaßnahmen angekündigt, die jedoch nicht die gewünschte breite und positive Resonanz zeigten. Erst einige Zeit später wurden umfassende, adäquate Kommunikationsmaßnahmen gestartet (Töpfer, 1999, S. 253ff.)

Dieses Beispiel verdeutlicht die wichtige Rolle einer proaktiven Krisenkommunikation durch den Vorstand. Die Reaktion der Öffentlichkeit wurde anfangs unterschätzt, wodurch eine unzureichende Verantwortlichkeit der Führung ersichtlich wird. Zu Beginn der Krise konzentrierte sich das Krisenmanagement fast ausschließlich auf die Lösung des technischen Problems; für die Öffentlichkeitsarbeit nahm man sich sehr wenig Zeit, denn zu Anfang fehlte das Bewusstsein, dass der Krisenkommunikation eine große Bedeutung zukommt. Viele Maßnahmen wurden erst relativ spät kommuniziert. Durch diese kommunikativen Defizite verschärfte sich die Krise in der Anfangsphase und entwickelte sich zu einem Vertrauensproblem. Eine proaktive Krisenkommunikation hätte sehr wahrscheinlich das Vertrauen und die Glaubwürdigkeit in der Öffentlichkeit gefestigt.

4.3 Prinzipien der Eindämmung

4.3.1 Streben nach Flexibilität

Das Prinzip der Flexibilität gründet auf der Annahme, dass unerwartete Ereignisse überall verbreitet und begrenzt vorhersehbar sind. Im englischen Sprachgebrauch wird dieses Merkmal von Weick als „Commitment to Resilience“ bezeichnet, wodurch die organisationale Resilienz (Widerstandsfähigkeit) zum Ausdruck kommt. Der Begriff *Resilienz* bezieht sich hier auf die Reaktionsfähigkeit, die notwendig ist, um unerwartete Ereignisse zu bewältigen, und wird definiert als: „capacity to cope with unanticipated dangers after they have become manifest, learning to bounce back“ (Wildavsky, 1988, S. 77). Im Wesentlichen stellt ein flexibles Vorgehen die Bereitschaft, aus Fehlern zu lernen, dar sowie die Umsetzung und Rückmeldung der hieraus gelernten Konsequenzen in die Praxis (Wildavsky, 2004, S. 120). In diesem Sinn heißt Flexibilität, „auf Fehler zu achten, die bereits vorgekommen sind, und sie zu korrigieren, bevor sie sich ausweiten und weitere größere Schäden anrichten“ (Weick & Sutcliffe, 2010, S. 72).

Flexibilität zeichnet sich durch drei Fähigkeiten aus, auf Belastungen und Überraschungen zu reagieren:

- Bewahrung der Funktionstüchtigkeit trotz bestehender Widrigkeiten
- Überwinden unerwarteter Ereignisse und Wiedererlangen der ursprünglichen Stärke
- Lernen und Wachsen aus früheren Erfahrungen

Für einen zuverlässigen Betrieb und die Bewältigung des Unerwarteten ist es ausschlaggebend, welche Konsequenzen eine Störung für die ursprüngliche Fähigkeit zu Flexibilität und Widerstandskraft hat: Sie kann wachsen, sich fortsetzen oder verloren gehen (Weick & Sutcliffe, 2010, S. 76).

Zur Bewahrung der Flexibilität weisen HRO spezifische Muster auf, in denen sie ihre Erfahrungsgrundlagen ausbauen. Sie sind offen für neue Lernerfahrungen und betrachten jede Störung als Möglichkeit für einen neuen Wissenserwerb. Praktiken, die von Flexibilität geprägt sind, äußern sich in der schnellen Rückmeldung von Fehlern, im schnelleren Lernen, einer raschen und präzisen Kommunikation, im Auf- und Ausbau von Erfahrungsvielfalt, in der Neukombination vorhandener Handlungsrepertoires sowie in der allgemeinen Akzeptanz von Improvisationen (Weick & Sutcliffe, 2010, S. 77f.).

Für die Untersuchung wurden hinsichtlich des Strebens nach Flexibilität folgende HRO-Faktoren anhand der eben genannten Ausführungen festgelegt:

- die Bereitschaft, aus Fehlern zu lernen
- die Kommunikation identifizierter Fehler
- die Umsetzung erkannter Verbesserungen

Diese drei Faktoren können die nachhaltige Geschäftstätigkeit eines Unternehmens sichern, wie aus dem folgenden Fallbeispiel hervorgeht.

Große Lehren aus kleinen Betriebsstörungen (Nokia/Ericsson)

Durch einen Blitzeinschlag im US-Bundesstaat New Mexiko wurde im Jahr 2000 ein Hochofen des Elektronikkonzerns Philips in Brand gesetzt. Eine erste Untersuchung ergab, dass es sich lediglich um einen Kleinbrand mit geringfügigem finanziellen Schaden handelte. Jedoch hatte dieser Vorfall erhebliche betriebliche Auswirkungen auf die Fertigung von Halbleiterchips. Der durch den Brand entstandene Rauch führte zu Luftverschmutzungen in Form von Partikeln und Ruß in den ansonsten staubfreien und klimatisierten Reinräumen. Unter diesen Bedingungen konnten keine Halbleiterchips mehr gefertigt werden. Das Unternehmen ging zunächst von einer einwöchigen Betriebsverzögerung aus und teilte diese Information seinen Kunden mit. Das tatsächliche Ausmaß der Betriebsstörung wurde erst nach drei Wochen des Brandes ersichtlich. Das Unternehmen rechnete nun mit Produktionseinschränkungen von mehreren Monaten. Schließlich waren erst nach neun Monaten sämtliche Folgen des Brandes behoben. Unter den Kunden befanden sich die beiden skandinavischen Telekommunikationskonzerne *Nokia* und *Ericsson*, die sehr unterschiedlich auf dieses Ereignis reagierten.

Das Unternehmen *Nokia* wurde nach Kenntnisnahme sofort tätig und informierte die verantwortlichen Stellen. Die betroffenen Einzelteile wurden auf eine Beobachtungsliste gesetzt und überwacht. Nachdem das tatsächliche Ausmaß der Versorgungsunterbrechung bekannt war, wurden alternative Bezugsquellen für die Komponenten identifiziert. Zusätzlich erhöhte Nokia den Druck auf Philips und verlangte, die Produktion der Nokia-Halbleiterchips auf andere internationale Standorte zu verteilen. Zugleich unterstützte Nokia Philips bei der Entwicklung neuer Methoden, um nach Wiederanlauf der Produktion die Chipherstellung in der Philips-Fabrik zu steigern. Im Ergebnis steigerte Nokia seinen Marktanteil von Handysets von 27 auf 30 Prozent.

Das Unternehmen *Ericsson* verhielt sich hingegen passiv und unternahm in der Anfangsphase keine Maßnahmen. Erst nach mehreren Wochen erfuhren die verantwortlichen Führungspersonen von der Situation. Dieser Zeitpunkt war zu spät, um wirkungsvolle Gegenmaßnahmen einzuleiten. Philips hatte keine Kapazitäten an anderen Standorten mehr frei, da Nokia diese für sich beansprucht hatte. Außerdem konnte Ericsson auf keine alternativen Zulieferer zurückgreifen. Letztendlich verzeichnete das Unternehmen zum Ende des Jahres 2000 einen Verlust von 1,75 Milliarden Euro, der unter anderem auf die Betriebsunterbrechung zurückzuführen ist. Ericsson sah sich aufgrund der schlechten wirtschaftlichen Lage infolge des Brandes zu einem Joint Venture mit Sony gezwungen, um sich wieder besser aufzustellen (Sheffi, 2006, S. 15ff.).

Obwohl Nokia und Ericsson gleichermaßen von dem Ereignis betroffen waren, profitierte Nokia von der Betriebsunterbrechung, während Ericsson bedeutende Geschäftsbereiche aufgeben musste. Die Flexibilität von Nokia verhinderte eine Betriebsunterbrechung für dessen eigene Kunden. Das Abwarten und Ausharren von Ericsson führte hingegen zu erheblichen Lieferengpässen und Gewinneinbrüchen.

4.3.2 Respekt vor fachlichem Wissen und Können

Das Prinzip *Respekt vor fachlichem Wissen und Können* ist durch eine flexible Entscheidungsfindung charakterisiert und wird als Veränderlichkeit der Entscheidungsstrukturen definiert (Weick & Sutcliffe, 2000, S. 34). Fachliches Wissen und Können setzt sich aus Kenntnis, Erfahrung, Lernen und Intuition zusammen und erwächst aus zwischenmenschlichen Beziehungen (Weick & Sutcliffe, 2010, S. 83). Häufig ist die Statushierarchie mit der Wissenshierarchie nicht identisch (ebd., S. 82): Probleme werden meistens von Personen wahrgenommen und erkannt, die in der Rangfolge weiter unten angesiedelt und nicht weisungsbefugt sind. Aufgrund ihrer guten Fachkenntnisse können sie jedoch einen wesentlichen Beitrag zur Behebung des Problems leisten. In hierarchisch ausgerichteten Organisationen wird auf dieses Expertenwissen oft zu wenig zurückgegriffen. Insbesondere bei Ereignissen, die eine schnelle Entscheidungsfindung verlangen, sind hierarchisch orientierte Organisationen selten dazu fähig, alle zur Verfügung stehenden Informationen über das Ereignis zu nutzen. Dieses unvollständige Informationslagebild kann zu Entscheidungsfehlern führen, und letztlich können sich hierarchische Strukturen und ein zu starker Respekt vor Macht und Politik negativ auf den Umgang mit dem Unerwarteten auswirken.

Um dieses Problem zu umgehen, übertragen HRO bei eintretenden Komplikationen die Entscheidungsgewalt mitunter an die unterste Ebene. Zugunsten der fachlichen Kompetenz werden Entscheidungen unter kurzfristiger Loslösung vom Hierarchieprinzip somit an die vorderste Front delegiert. Entscheidungen wandern dabei sowohl nach oben als auch nach unten (Weick & Sutcliffe, 2010, S. 78f.); die Machtdistanz verringert sich. Ein beispielhaftes Kennzeichen dieser flexiblen Strategie der Krisenintervention ist die Bildung informeller Netzwerke. Bei Ereignissen außerhalb des Normalbetriebs schließen sich erfahrene und fachkundige Mitarbeiterinnen und Mitarbeiter zu Ad-hoc-Netzwerken zusammen. Das rasche Bündeln von Fachkenntnissen sowie die hierdurch erweiterten Kenntnisse und Handlungsmöglichkeiten ermöglichen und fördern eine erfolgreiche Ereignisbewältigung (ebd., S. 83).

Zusammenfassend gelten in Bezug auf Respekt vor fachlichem Wissen und Können die folgenden HRO-Faktoren:

- kurzfristige Auflösung des Hierarchieprinzips
- Übertragung von Entscheidungsbefugnissen
- rasches Bündeln von Fachkenntnissen

Das folgende Praxisbeispiel zeigt die erhöhte Gefahr von Flugzeugabstürzen auf, wenn zwischen den Teammitgliedern eine zu große Machtdistanz vorliegt.

Absturz eines türkischen Flugzeuges (Birginair)
Im Jahr 1996 stürzte ein Flugzeug der türkischen Airline *Birginair* vor der Küste der Dominikanischen Republik kurz nach dem Start ins Meer. Alle Passagiere kamen ums Leben. Unter den 189 Toten befanden sich vorrangig Deutsche auf dem Weg nach Berlin und Frankfurt am Main.

Auslöser des Unglücks war ein defekter Geschwindigkeitsmesser des Kapitäns, der im Reiseflug eine zu hohe Geschwindigkeit anzeigte. Die weiteren zwei unabhängig voneinander arbeitenden Geschwindigkeitsanzeigen des Kopiloten und des Flugingenieurs funktionierten fehlerfrei. Trotzdem ergriff die Besatzung keine Gegenmaßnahmen.

Der aktivierte Autopilot reagierte auf die übermittelten falschen Messwerte und bremste das vermeintlich zu schnell fliegende Flugzeug somit ab. Aus diesem Grund vergrößerte sich der Anstellwinkel und die Triebwerke wurden gedrosselt. Ein automatisches Warnsignal, das sich durch ein Rütteln der Steuersäule äußerte, deutete auf einen verringerten Auftrieb hin. Das Flugzeug stürzte schließlich aufgrund stetig geringer werdender Geschwindigkeit ab (Brandl, 2010, S. 42ff.).

Dieses Ereignis verdeutlicht, wie wichtig es ist, Zweifel und Einwände gegenüber hierarchisch hochgestellten Personen zu äußern. Der Kapitän vertraute wahrscheinlich nur sich selbst und seinen eigenen Instrumenten. Die Besatzung hatte nicht den Mut, den Flugkapitän auf mögliche Gegenmaßnahmen hinzuweisen; weder der Kopilot noch der Flugingenieur übernahmen die Kontrolle des Flugzeuges. Das Verhalten der Besatzung lässt auf eine hohe Machtdistanz schließen, die durch einen großen Respekt vor Autoritäten und durch das Bedürfnis nach Harmonie gekennzeichnet ist. Der Tod der 189 Passagiere und der Besatzung hätte sehr gewiss verhindert werden können, wenn der Kapitän auf seinen Irrtum angesprochen worden wäre.

5 Wissenschaftlicher Forschungsstand

Das folgende Kapitel gibt Auskunft über den wissenschaftlichen Forschungsstand. Zunächst werden zwei weitere Theorien erläutert, die in direktem Bezug zur High-Reliability-Theorie stehen. Hierzu gehören die Normal-Accident-Theorie (Kapitel 5.1) und die Theorie der Man-made Disasters (Kapitel 5.2). Darauffolgend werden die Erkenntnisse zur Fehlerforschung nach James Reason erklärt (Kapitel 5.3), und im Anschluss wird die wissenschaftliche Kontroverse zur HRT dargelegt (Kapitel 5.4). Als nächstes werden die wissenschaftlichen Erkenntnisse zur Übertragbarkeit der HRT auf Wirtschaftsunternehmen vorgestellt (Kapitel 5.5). Auf der Grundlage der erarbeiteten Erkenntnisse wird der Zusammenhang zwischen dem Krisenmanagement und der HRT dargelegt (Kapitel 5.6). Im letzten Abschnitt erfolgt eine erste Präzisierung der Untersuchungsinhalte (Kapitel 5.7).

5.1 Normal-Accident-Theorie

Gegenwärtig existieren in der wissenschaftlichen Krisenforschung neben der HRT zwei weitere einflussreiche Erklärungsmodelle für die Entstehung sicherheitskritischer Ereignisse. Einen Erklärungsansatz liefert Charles Perrow in seiner Arbeit mit dem Titel „Normal Accident“ (Normaler Unfall). Als Unfall bezeichnet Perrow einen „Defekt in einem System oder in einem seiner Subsysteme, der mehr als eine Einheit beschädigt und dadurch die gegenwärtige oder zukünftige Funktion eines Systems stört“ (Perrow, 1992, S. 99). Aufgrund des Systembezugs ist auch die Rede von Systemunfällen, die bestimmte Eigenschaften hochriskanter Technologien aufweisen (ebd., S. 16). Die von Perrow entwickelte Normal-Accident-Theorie (NAT) beruht auf dem Unfallgutachten des Kernkraftwerks Three Mile Island (TMI) im Jahr 1978 sowie auf der intensiven Auseinandersetzung mit vorwiegend ingenieurwissenschaftlichen Analysen der eingesetzten Untersuchungskommission. Die daraus gewonnenen Erkenntnisse überträgt Perrow auf ein sehr weites Feld technisch fokussierter Organisationen angefangen bei Petrochemie, Schifffahrt, Luftverkehr und Raumfahrt über Staudämme und Bergwerke bis hin zur Gentechnologie.

Das sogleich beschriebene Ereignis in TMI und die anschließenden Erläuterungen zeigen auf, unter welchen Bedingungen Systemausfälle zu normalen Unfällen führen.

Atomunfall im Kernkraftwerk Three Mile Island (TMI)

Am 28. März 1979 ereignete sich in der Nähe von Harrisburg/Pennsylvania (USA), ein Reaktorunfall, bei dem eine kleine Menge radioaktiven Materials in die Atmosphäre freigesetzt wurde. Die Ursache für den Atomunfall waren mehrere miteinander verkettete Störungen, die zu einer Kernschmelze führten.

Der Auslöser des Störfalls war ein Ausfall der Turbine, da während Wartungsarbeiten durch eine defekte Dichtung Wasser in das Instrumenten-Luft-System gelang. Wegen der Feuchtigkeit schalteten sich die Wasserzuflusspumpen ab, die kaltes Wasser zur Übertragung von Wärme vom Primär- an den Sekundärkreislauf transportieren. Der Wasserzufluss der automatisch eingeschalteten Notfallpumpen war wegen zwei geschlossener Ventile blockiert. Diese wurden zwei Tage vor dem Unfall während der Wartungsarbeiten irrtümlicherweise im geschlossenen Zustand belassen.

Die Temperatur und der Druck im Reaktorkern stiegen infolge des Pumpenausfalls und eines damit einhergehenden Kühlmittelverlusts stark an. Das zum Druckabbau betriebene Entlastungsventil blieb während des automatischen Öffnens im offenen Zustand stecken. Durch die undichte Stelle im offenen Ventil gelang radioaktives Wasser in den Sicherheitsbehälter und von dort in das Fundament.

Der tatsächliche Zustand der Anlage wurde erst zweieinhalb Stunden nach dem Vorfall durch den Schichtleiter entdeckt. Die Mitarbeitenden hatten die Kontrollanzeige falsch interpretiert, da sie automatisch von einem geschlossenen Ventil ausgingen. Jedoch zeigte die Anzeige lediglich den Befehl zum Schließen an; der tatsächliche Zustand des Ventils ließ sich nicht direkt erkennen.

Insgesamt wurde der Störfall u. a. wegen einer unübersichtlichen Kontrolltafel, nachteilig visualisierter Hinweiszeichen, defekter Instrumente und zeitverzögerter Computerausdrucke des Ereignisses zu spät entdeckt und dauerte letztlich 16 Stunden an. Zudem machte sich der nicht ausreichende Ausbildungsstand des Personals im Umgang mit Notfällen bemerkbar, der sich nachteilig auf die Ereignisbewältigung auswirkte. Die Mitarbeitenden reduzierten die Hochdruckeinspritzung von Wasser in das Reaktorkühlmittelsystem, wodurch Schäden am Reaktorkern entstanden. (Reason, 1994, S. 207, 234ff. & 306f.).

Anhand dieses Zwischenfalls im Kernkraftwerk TMI wird deutlich, wie große Ereignisse aus einer Verkettung kleinerer Unzulänglichkeiten heraus entstehen können. Laut Perrow (1992, S. 16) treten solche Vorfälle trotz effizienter Sicherheitsvorkehrungen aufgrund unvorhergesehener Wechselwirkungen zwischen einzelnen Ausfällen zwangsläufig auf. Derartige Unfälle werden als natürliche Konsequenz eines Systems gesehen, welches durch eine Vielzahl komplexer Interaktionen und enger Kopplungen gekennzeichnet ist (vgl. Kapitel 3.2). Die sich hieraus ergebende Unabwendbarkeit führt zu der Bezeichnung *normal:* Der Begriff drückt eine immanente Eigenschaft des Systems aus, in der vielfache und unerwartete Störungen zwangsweise auftreten (ebd., S. 18).

Trotz offensichtlicher Verfehlungen des Bedienungspersonals von TMI betrachtet Perrow menschliches Versagen als untergeordnetes Problem. Die Auffassung, dass auf diesen Faktor bis zu 60 bis 80 Prozent aller Unfälle zurückgeführt werden könnten und menschliches Versagen damit als Unfallursache Nummer eins zu benennen sei, teilt er nicht. Hingegen vertritt Perrow die Meinung, dass bei den von ihm analysierten Unfällen niemand von deren Auftreten wissen und ebenso wenig bemerken konnte, was genau vonstattenging und welche Maßnahmen zu treffen waren (Perrow, 1992, S. 23f.). Darüber hinaus wendet er sich gegen weitere herkömmliche Unfallerklärungen, die sich in der Regel auf Bedienungsfehler, Konstruktions- und Ausrüstungsmängel, Missachtung von Sicherheitsvorschriften, mangelnde Betriebserfahrung, unzureichende Schulungen, überholter technischer Stand, Übergröße des Systems oder schlechtes Management beziehen (ebd., S. 95f.). Diese genannten Erklärungen seien nicht der ursächliche Auslöser des Ereignisses, sie trügen lediglich zu einer größeren Wahrscheinlichkeit eines Systemunfalls bei (ebd., S. 400). Selbst durch Abstellen bzw. Minimierung der herkömmlichen Unfallursachen ließen sich die Systemeigenschaften *komplexe Interaktionen* und *enge Kopplung* nicht beeinflussen, da die wirklichen Unfallgefahren im System lauerten (ebd., S. 410). Aufgrund der hohen Gefahren solcher Hochrisikosysteme stellt Perrow deren Gebrauch und Nutzen infrage; seine Empfehlung lautet daher, entweder die Systeme zu ändern oder auf riskante Technologien ganz zu verzichten (ebd., S. 404, 411).

5.2 Man-made Disasters

Ein weiterer verbreiteter Erklärungsansatz geht auf Barry Turner, den Begründer der modernen Krisenforschung zurück. Turner setzte sich mit der Entstehung von Unfällen und Katastrophen auseinander und analysierte 84 Unfallberichte. In seinen Veröffentlichungen „*Man-made Disasters*“ (Turner, 1978; Turner & Pidgeon, 1997) kommt er zu dem Schluss, dass die Unfallursachen auf Dysfunktionalitäten menschlicher und organisatorischer Anpassungsprozesse zurückzuführen sind. Er gelangt weiterhin zu der Erkenntnis, dass insbesondere ein nachlässiges Management, vor allem Informationsverarbeitungsprobleme, die Entstehung von Notfällen und Krisen begünstigten. In seiner Analyse von Unfallberichten stellt Turner fest, dass sicherheitskritische Ereignisse immer nach dem gleichen Prozessmodell verlaufen, das sich in folgende sechs Stufen unterteilt.

Stufe	Bezeichnung
1	Normalphase • ursprünglich kulturell akzeptierte Annahmen über die Welt und deren Gefahren • damit in Verbindung stehende präventive Regelungen, niedergelegt in Gesetzen, Verhaltenskodizes und Vorschriften sowie • ausgeprägte übliche Verhaltensweisen (Sitten und Traditionen)
2	Inkubationsperiode • Summierung vieler Ereignisse, die unbemerkt bleiben, da sie mit den eigenen üblichen Annahmen über Gefahren und deren Vermeidung nicht übereinstimmen
3	Auslösung des Ereignisses • lenkt die Aufmerksamkeit auf das Ereignis und überführt die allgemeine Wahrnehmung der zweiten Stufe
4	Ereignis • die unmittelbaren Folgen irrtümlicher kultureller Präventivmaßnahmen werden erkennbar
5	Unmittelbare Intervention • plötzlicher Ausbruch des Ereignisses führt zu einer ersten sofortigen Anpassung vorher getroffener Annahmen • dies ermöglicht die Einleitung gefahrenabwehrender Maßnahmen (Rettung und Bergung)

Stufe	Bezeichnung
6	Ermittlung der Ursachen • Untersuchung des Ereignisses • Anpassung der Annahmen und präventiven Regelungen an das neue Verständnis

Tab. 2: Prozessverlauf sicherheitskritischer Ereignisse (Darstellung nach Turner, 1976, S. 381; eigene Übersetzung).

Nach Turners Ansicht ist das Modell auf alle sicherheitskritischen Ereignisse anwendbar, wie auch das folgende Beispiel verdeutlicht.

Rückrufaktion von Fahrzeugen wegen technischer Sicherheitsmängel (General Motors)

Im Februar 2014 informierte der US-amerikanische Automobilkonzern *General Motors* (GM) die US-Bundesbehörde für Straßen- und Fahrzeugsicherheit (National Highway Traffic Safety Administration; NHTSA) über bestehende technische Sicherheitsmängel in mehreren Modellreihen der Jahre 2003 bis 2007 (Saturn Ion), 2005 bis 2007 (Chevrolet Cobalt), 2006 bis 2007 (Chevrolet HHR und Pontiac Solstice) sowie 2007 (Pontiac G5). Zudem gab GM im März bekannt, dass derselbe sicherheitsbezogene Mangel auch bei Ersatzteilen auftritt, die während Reparaturen in verschiedenen Modellreihen der Jahre 2008 bis 2010 (Chevrolet Cobalt), 2008 bis 2011 (Pontiac Solstice), 2008 bis 2010 (Pontiac 5), 2008 bis 2010 (Saturn Sky) eingebaut worden waren (NHTSA, 2014b).

Als Ursache für den Defekt wurde eine zu schwach dimensionierte Feder im Zündschloss ermittelt, die dafür sorgt, dass das Zündschloss wieder in die Aus-Position zurückspringt und u. a. die Steuerung für Airbags deaktiviert (NHTSA, 2014a). Aus einer Chronologie des ständigen Ausschusses des Repräsentantenhauses der Vereinigten Staaten (Committee on Energy and Commerce), u. a. verantwortlich für die Aufsicht des Bereichs Verbraucherschutz, geht hervor, dass das Problem bereits im Jahr 2001 erstmals auftrat. In der Vorserie des Automodells Saturn Ion wurde auf diese Feststellung jedoch nur mit einem Design-Wechsel und keiner technischen Änderung reagiert. In den darauffolgenden Jahren wurden viele weitere Vorkommnisse bekannt, die wiederholt auf Sicherheitsmängel hingedeuteten (E&C, 2014).

Erst im Jahr 2014 entschloss sich GM zu einer Rückrufaktion. Der Sicherheitsmangel und weitere bekannt gewordene, damit in Verbindung stehende Fälle führten von Beginn des Jahres 2014 bis Ende Juli 2014 zu einen Rückruf von rund 29 Millionen Fahrzeugen (Ivory, 2014). Da GM seiner gesetzlichen Meldeverpflichtung an die Verkehrssicherheitsbehörde zu spät nachkam, wurde eine Strafe in Höhe von 35 Millionen Dollar verhängt (NHTSA, 2014b). Laut Aussagen der NHTSA sind durch die fehlerhaften Zündschlösser bisher 13 Menschen gestorben. Seitens der Verbraucherschützer wird von bis zu 303 Todesopfern ausgegangen (Lienert, 2014). Neben einen hohen Reputationsverlust, finanziellen Entschädigungen an Unfallopfer und betroffene Fahrzeugbesitzer sieht sich GM einer zehn-Milliarden-schweren Sammelklage wegen Markenbeschädigung gegenüber (Dye & Stempel, 2014).

Das vorangegangene Beispiel deutet auf Störungen des Informationsflusses innerhalb des Unternehmens und auf eine unzureichende Interpretation und Bewertung vorhandener sicherheitskritischer Informationen hin. Zur Erklärung dieses Ereignisses wird auf die Theorie von Turner zurückgegriffen: Der GM-Vorfall verdeutlicht, dass die von Turner beschriebenen Probleme in der Informationsverarbeitung vor Notfällen und Krisen tatsächlich auftreten. Auf Basis des aktuellen Kenntnisstands ist davon auszugehen, dass es auch im dargelegten Fall eine Inkubationsperiode gab, in der sicherheitskritische Abweichungen auftraten. Diese erkennbaren Frühwarnsignale, die seit 2001 bekannt waren, führten erst 13 Jahre später zu einer Rückrufaktion. Die Frage, warum GM den Rückruf nicht früher einleitete, ist bislang nicht beantwortet. Die Aussage der GM-Geschäftsführerin Barra: „Ich denke, dass es zu lange gedauert hat. […] Aber als wir es bemerkt haben, haben wir es angepackt.“ (Handelsblatt GmbH, 2014), deutet auf Informationsdefizite hin. Vermutlich wurde jeder Vorfall ohne Zusammenhang für sich allein betrachtet, wodurch das mögliche Schadensausmaß unterschätzt wurde. Zudem ist es denkbar, dass negative Informationen dem oberen Management vorenthalten wurden, die wegen der Sicherheitsmängel zu persönlichen Konsequenzen bzw. Nachteilen für die betroffenen Mitarbeiterinnen oder Mitarbeiter geführt hätten können.

In dem Beschluss der NHTSA-Behörde werden Aufforderungen an GM genannt, die ebenfalls auf vergangene Informationsverarbeitungsprobleme hinweisen. Einer der Punkte enthält die Aufforderung, die Richtlinie zum Schutz vor Vergeltungsmaßnahmen gegen Hinweisgeber strikt umzusetzen. Zudem wird eine Empfehlung zum schnelleren Erkennen von Sicherheitsmängeln genannt. Um potenzielle Sicherheitsmängel zu identifizieren, hat GM die Auflage erhalten, seine Fähigkeiten zur Datenanalyse zu verbessern. Weiterhin verlangt die NHTSA eine Förderung und Verbesserung der Weitergabe von Informationen (NHTSA, 2014b).

5.3 Fehlerforschung

Eine weitere Theorie befasst sich mit der Fehlerforschung, die danach fragt, was und warum genau etwas falsch gemacht wurde. Im Rahmen des HRO-Prinzips *Konzentration auf Fehler* wird auf diese Erkenntnisse zurückgegriffen (vgl. Kapitel 4.2.1). Häufig werden Fehler einzelnen Personen zugeschrieben, wodurch in manchen Unternehmen eine Suche nach dem Schuldigen beginnt. Dieser sogenannte Personenansatz ist seit den Fehlerforschungen in den 1980er Jahren in den Hintergrund getreten (Hofinger, 2012, S. 43). Von dem Psychologen James Reason wurde stattdessen eine systemische Sicht auf Fehler entwickelt. Seiner Auffassung nach entstehen unerwartete Ereignisse durch die Verkettung mehrerer Elemente und nur selten durch einen einzigen Faktor (Reason, 1992, S. 244). Anhand der Analyse verschiedener Unfallberichte von Katastrophen wie Three Mile Island, Bhopal, Challenger und Tschernobyl identifizierte Reason folgende Faktoren in Arbeitssystemen, die zur Verursachung von Unfällen bzw. Krisen beitragen (ebd., S. 246ff.).

- *Top-Management*: Treffen falscher bzw. fehlerbehafteter Entscheidungen
- *Linien-Management*: Treffen fehlerhafter Entscheidungen in den verschiedenen Abteilungen
- *Vorbedingungen*: psychologische Vorläufer tragen zu unsicheren Zuständen bzw. Handlungen bei, z. B. ungenügende Ausbildung, Arbeitsbelastung, Fehler in Prozess- und Arbeitsabläufen, Zeitdruck, ungünstige Gestaltung des Arbeitsumfelds
- *operative Ausführungsebene*: Begehen von unsicheren oder sicherheitsgefährdenden Handlungen, d. h. regelbasierte Fehler, z. B. bewusst falsche Anwendung einer guten Regel, „Schnitzer“ bzw. Gedächtnisfehler (z. B. Unterlassung geplanter Schritte) und Patzer bzw. Aufmerksamkeitsfehler (z. B. Fehlanordnung)
- *Schutzmaßnahmen*: unangemessene Maßnahmen gegen vorhersehbare Risiken und Gefahren

Wie sich zeigt, führen viele Handlungen und Ereignisse auf mehreren Ebenen zu unerwünschten Folgen. Nach Reason ist das menschliche Fehlverhalten hier die häufigste Unfallursache, die ein unerwartetes Ereignis erst ermöglicht. Auch hinter scheinbar technischen Fehlern steht oftmals der latente Fehler eines Menschen Reason (1994, S. 249). Anhand des in Abbildung 7 dargestellten „Schweizer-Käse-Modells“ wird der Systemcharakter der Unfallverursachung dargestellt.

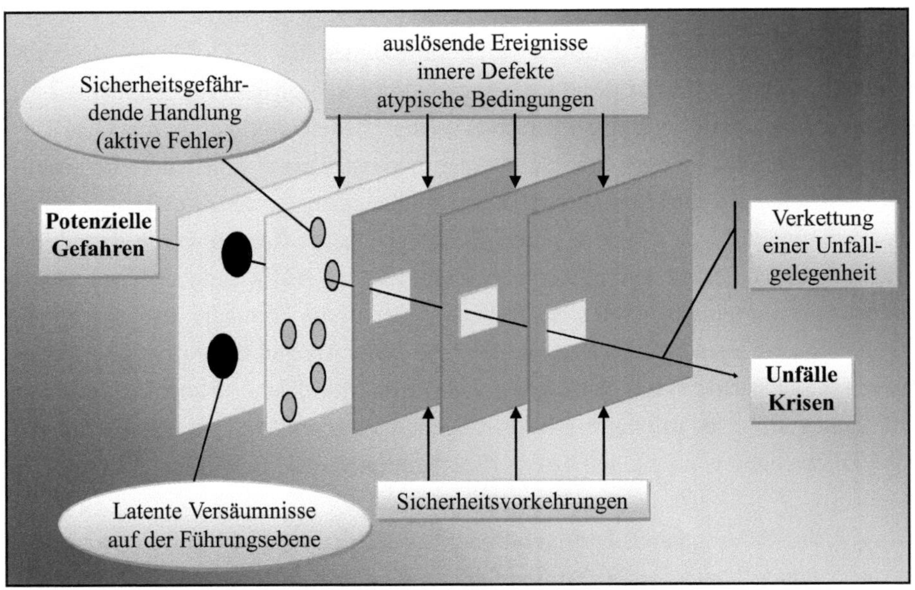

Abb. 7: Systemcharakter der Unfallverursachung (eigene Darstellung angelehnt an Reason 1994, S. 256).

Der Eintritt eines unerwünschten Ereignisses wird nur selten von einem einzigen Faktor, sei er mechanischer, technischer oder menschlicher Art, verursacht (Reason 1994, S. 244). Letztlich tragen sowohl aktive als auch latente Fehler zur Herbeiführung von Zwischenfällen bei. Die Auswirkungen aktiver Fehlern sind meistens deutlicher sichtbar und identifizierbar und haben das Potenzial, das Ereignis direkt auszulösen. Sie werden von Mitarbeiterinnen und Mitarbeitern der direkten Linie begangen. Die stärkste Bedrohung stellen jedoch latente Fehler dar, deren Konsequenzen lange Zeit im System verborgen sind. Meistens werden latente Fehler von Personen erzeugt, die weder einen direkten zeitlichen noch räumlichen Bezug zum Ereignis haben (ebd., S. 216). Sicherheitsvorkehrungen, die die Menschen vor potenziellen Gefahren schützen, weisen durch die Verkettung von aktiven Fehlen und latenten Systembedingungen jedoch Mängel auf, d. h. in den Schutzschichten entstehen „Löcher". Die Kombination von aktiven und latenten Fehlern führt zum Durchbrechen der Schutzmechanismen und damit zum Schaden (ebd., S. 255ff.). Das folgende Beispiel zeigt die Verkettung verschiedener unzulänglicher Umstände auf, die schließlich zu einem Reputationsschaden bei der Deutschen Bahn führten.

Zugausfälle im Großraum Mainz (Deutsche Bahn)
Die Deutsche Bahn geriet im Sommer 2013 stark in die Kritik der Öffentlichkeit und erregte bundesweite Aufmerksamkeit (BNetzA, 2014a). Personalengpässe führten zu erheblichen Beeinträchtigungen des Zugverkehrs im Rhein-Main-Gebiet und darüber hinaus. Von den zur Verfügung stehenden 15 Fahrdienstleitern und drei Fahrdienstleiterhelfern waren acht Personen wegen Krankheit oder Urlaubs nicht einsatzfähig. Das Eisenbahn-Bundesamt forderte die Deutsche Bahn am 12.08.2013 per Bescheid zur unverzüglichen Aufnahme des planmäßigen Verkehrs und zur Verhinderung besetzungsbedingter Ausfälle oder Nutzungseinschränkungen des Stellwerks auf. Dieser gesetzlichen Verpflichtung ist die Deutsche Bahn nicht nachgekommen. Der Betrieb des Stellwerks wurde ab dem 05.08.2013 bis weit über den 30.08.2013 stark eingeschränkt. Gegen den Bescheid des Eisenbahn-Bundesamts hat die Deutsche Bahn im Mai 2014 Klage beim Verwaltungsgericht in Mainz eingereicht (VG Mainz, 2014). Neben Ermittlungen des Eisenbahn-Bundesamtes wegen Verstoßes gegen Betriebspflichten drohte die Bundesnetzagentur ein Zwangsgeld in Höhe von 250.000 Euro an. Die Deutsche Bahn wurde als Infrastrukturbetreiber zur Beseitigung der kritischen Personalengpässe aufgefordert (BNetzA, 2014b, S. 23). Zusätzlichen Druck erhielt das Unternehmen aus der obersten Politik-Etage: Bundeskanzlerin Angela Merkel meldete sich zu Wort und bezeichnete die Beeinträchtigungen in Mainz als „sehr ernstes Problem" (Zeit Online, 2013).

In diesem Fallbeispiel traten fast alle der von Reason genannten Faktoren auf. Die primäre Ursache der Zugausfälle basierte auf einer fehlerhaften Entscheidung in der Rekrutierungs- und Ausbildungsstrategie. Investitionen in neue computergesteuerte und personalsparende Techniken wurden immer wieder verschoben. Nichtsdestotrotz wurde Personal abgebaut, was zu strukturellen Problemen führte.

Die ersten Auswirkungen wurden im Linien-Management in verschiedenen Stellwerken ersichtlich. Bereits im Oktober 2012 erlangte die Bundesnetzagentur Kenntnis über Personalengpässe in den Stellwerken Bebra, Zwickau und an weiteren Orten (BNetzA, 2014b, S. 23). Bestehende Defizite in der Altersstruktur und Mehrarbeitsregelung wie auch Urlaubsrückstände (DB AG, 2014, S. 128, 169) sind Vorbedingungen, die ein erhöhtes Risiko für den sicheren und zuverlässigen Bahnbetrieb darstellen. Die tatsächlichen Auswirkungen der bestehenden Mängel sind nicht messbar. Allerdings ergeben sich aus vergangenen Vorfällen Anhaltspunkte für ein latentes Gefährdungspotenzial. Im August 2012 ereignete sich z. B. eine Zugentgleisung in Berlin-Tegel, die auf eine betriebliche Fehlhandlung des Stellwerkpersonals zurückzuführen ist. Ursächlich war das unzeitige Umstellen einer Weiche unter dem S-Bahn-Zug (EBU, 2013, S. 23).

Ebenso wirkten sich die unzureichenden Vorsorgemaßnahmen negativ auf eine schnelle Fortführung des Bahnbetriebs aus. Es ist nicht erkennbar, inwieweit bei der Deutschen Bahn ein Business-Continuity-Management (siehe Kapitel 6.3.1) implementiert ist. Das Unternehmen war auf das Szenario *Ausfall von Personal* nicht eingestellt und daher nicht in der Lage, zeitnah weitere Mitarbeiterinnen bzw. Mitarbeiter in Mainz einzusetzen. Präventive Maßnahmen für einen potenziellen Personalausfall hätten langfristig vorbereitet und breit angelegt werden müssen. Hierzu zählen exemplarisch Maßnahmen wie Job-Rotation, Dokumentation von Wissen, der Einsatz externer Dienstleister und entsprechende Business-Continuity-Pläne. Letztere beschreiben, wie die als zeitkritisch identifizierten Geschäftsprozesse bei einem Ausfall in erforderlichem Umfang weitergeführt werden können (Hoffmann, 2014).

Aus den Fehlern wurde schließlich Handlungsbedarf abgeleitet. Im Konzern der Deutschen Bahn sollen künftig bis zu 1.250 Mitarbeiterinnen und Mitarbeiter zusätzlich beschäftigt und rund 450 weitere eingesetzt werden, um Mehrarbeit und Urlaubsrückstände zu reduzieren. (DB AG, 2014, S. 128). Für das Stellwerk Mainz sollen neun weitere Beschäftigte ausgebildet und sukzessive eingesetzt werden. Zudem soll eine Richtlinie zur Mehrfachqualifizierung umgesetzt werden, damit zwischen benachbarten Stellwerken eine flexible Unterstützung sichergestellt ist (ebd., S. 169). Mittels eines neu eingeführten bundesweiten Stellwerk-Monitorings hat die Deutsche Bahn Netz AG die Bundesnetzagentur über den aktuellen Stand im Bereich Ausbildung regelmäßig zu informieren (BNetzA, 2014b, S. 23).

5.4 Wissenschaftliche Kontroverse

In den letzten Jahren hat die High-Reliability-Theorie an praktischer Wirksamkeit gewonnen und Einzug in die Praxis gehalten, wobei sich von Jahr zu Jahr ein zunehmender Erfolg eingestellt hat (Bourrier, 2009, S. 120f.). Mittlerweile hat sich der HRO-Begriff zu einem schlagkräftigen Marketingbegriff entwickelt (ebd., S. 139). Mit der Veröffentlichung der Schrift „Das Unerwartete Managen“ der Organisationstheoretiker Weick und Sutcliffe (2003) sind diese Praktiken auch in Deutschland bekannt geworden. Seit dieser Publikation sind zwischenzeitlich viele Jahre vergangen, und noch immer gibt es kaum verlässliche empirische Ergebnisse über die Anwendbarkeit der HRT. Bislang ist weitgehend ungeklärt, ob es sich für marktwirtschaftlich orientierte Organisationen lohnt, einen Blick auf die Erfolgsfaktoren von HRO zu werfen (Steigenberger & Pawlowsky, 2010, S. 257).

In der wissenschaftlichen Auseinandersetzung gehen die Meinungen über diese Frage weit auseinander. Grundsätzlich sind die Stellungnahmen den beiden Positionen HRT versus NAT zuzuordnen.

Weick und Sutcliffe (2010, S. 114) vertreten die Auffassung, dass es für jede Form von Unternehmen angebracht sei, sich den Praktiken der HRO. Auch der Soziologe Hopkins (1999; 2009) spricht sich zugunsten der Anwendung der HRT aus.

Zusätzliche Bestätigung erhält die HRT durch Turners Theorie der Man-made Disasters, die als eine Untermenge der HRT anzusehen ist. Das zweite HRO-Prinzip *Abneigung gegen vereinfachende Interpretationen* beinhaltet eine umfassende Perspektivenvielfalt sowie geteilte Informationen und Interpretationsschemata (vgl. Kapitel 5.7). Es stellt damit eine Möglichkeit dar, die von Turner erwähnten Informationsverarbeitungsprobleme abzustellen bzw. zu minimieren.

Die Befürwortenden der HRT sehen sich aber auch einer Vielzahl von Kritikpunkten gegenüber. Der Begründer der NAT, Charles Perrow (1994, S. 215), bewertete den HRO-Ansatz zunächst als blinden Optimismus. Später revidierte er seinen Standpunkt in einer Veröffentlichung dahingehend, dass er strukturelle Maßnahmen zur Überwindung von Komplexität und enger Kopplung als wichtig erachtete (ebd.). Unterstützung erhält Perrow von Sagan, der sich in seiner Veröffentlichung „The Limits of Safety“ gegen die HRT ausspricht und Perrows Modell präferiert.

Anzumerken ist, dass auch Perrow (1992, S. 3) davon spricht, dass Informationen über Unfälle und Beinahe-Unfälle zurückgehalten, verzögert und möglichst lange dementiert sowie verheimlicht bzw. vorenthalten werden. Er greift damit ähnliche Argumente der Informationsverarbeitungsprobleme wie Turner auf, aber leitet daraus andere Schlussfolgerungen ab. Im gleichen Zug schließt er Turners Argumentation des nachlässigen Managements in Organisationen für einen Teil der Unfälle aus, indem er davon spricht, dass „selbst die beste Organisation nicht genug ist" (ebd., S. 26). Zudem lehnt Perrow die Unfallursache des menschlichen Versagens und andere herkömmliche Erklärungen ab, da diese in der Regel nicht zuträfen. Ihm zufolge sei dies die bequemste Erklärung, um auf risikoreiche nicht zu verzichten (ebd., S. 5f.). Damit deutet Perrow auf die Grenzen der Beherrschbarkeit von komplexen und eng gekoppelten Systemen hin.

Insgesamt hat die NAT-/HRO-Debatte eine stetig wachsende Literatur hervorgebracht, in der in der Regel eine der beiden Theorien zulasten der anderen befürwortet wurde (Bourrier, 2009, S. 137). Neben diesen und weiteren zahlreichen theoretischen Stellungnahmen gibt es nur wenige Wissenschaftlerinnen und Wissenschaftler, die die Übertragbarkeit der NAT und HRO auf Wirtschaftsunternehmen empirisch überprüft haben. Bislang ist in Deutschland nur das Forschungsprojekt: „Innovation durch Förderung von nachhaltiger Hochleistung" (H!PE) dieser Frage auf den Grund gegangen (Steigenberger & Pawlowsky, 2010).

5.5 Forschungsprojekt H!PE

Im Zeitraum von 2008 bis 2011 wurde auf Initiative der Forschungsstelle „Organisationale Kompetenz und Strategie" der Technischen Universität Chemnitz eine Untersuchung über besonders leistungsfähige Teams bzw. Gruppen durchgeführt. Das Forschungsprojekt „Innovation durch Förderung von nachhaltiger Hochleistung" (H!PE) betrachtete Organisationen, die anerkanntermaßen Hochleistung erbringen (Pawlowsky & Steigenberger, 2012, S. 2). Der Begriff *Hochleistung* wird in „Relation zu einer fiktiven Durchschnittleistung oder in Bezug auf die Bewältigung einer außergewöhnlichen, also nicht durchschnittlichen Problemsituation definiert". (Pawlowsky, 2008, S. 415) Hochleister heben sich vom Durchschnitt vergleichbarer Akteure deutlich ab und streben stets nach höherer Leistung (ebd.). Unter Berücksichtigung dieses Verständnisses verglichen Pawlowsky & Steigenberger (2012, S. 49f.) im H!PE-Projekt Organisationen aus sechs verschiedenen Tätigkeitsfeldern:

- kleine und mittlere, technologieorientierte Unternehmen des produzierenden Gewerbes
- die Luftrettung
- Gourmetrestaurants
- Symphonieorchester
- das Profisegeln
- die Instandhaltung (Wartung, Inspektion, Instandsetzung und Verbesserung von technischen Systemen, Bauelementen, Geräten und Betriebsmitteln) eines Automobilunternehmens

Das Forschungsprojekt ging u. a. der Frage nach der Übertragbarkeit möglicher Erfolgsmuster der Hochleister auf Wirtschaftsorganisationen nach. Ein Aspekt der Untersuchung setzte sich intensiv mit den Erkenntnissen der HRT und dem Konzept der gemeinsamen Achtsamkeit auseinander (Steigenberger & Pawlowsky, 2010, S. 258).

Im Kontext der Erhebungen zu HRO kamen die Projektbeteiligten zu dem Ergebnis, dass alle von ihnen betrachteten Hochleistungsorganisationen eine starke Ausprägung des Konstrukts *Achtsamkeit* aufweisen (Steigenberger & Pawlowsky, 2010, S. 260). Damit wurde empirisch bestätigt, dass bestimmte Punkte der HRT ebenfalls auf erwerbswirtschaftlich orientierte Unternehmen anwendbar und damit übertragbar sind (ebd., S. 263). Konkret wurden folgende Annahmen über die Erfolgsfaktoren empirisch bestätigt bzw. widerlegt (Pawlowsky & Steigenberger, 2012, S. 119ff.):

- Alle untersuchten Hochleistungsteams zeigten einen sehr offenen Umgang mit Wissen. Ein gegenseitiger Wissensaustausch und der schnelle Informationsfluss sind Charakteristika der untersuchten Objekte. Hieran lässt sich das HRO-Prinzip *Sensibilität für betriebliche Abläufe* erkennen.
- Das von den HRO praktizierte Prinzip der *Ablehnung vereinfachender Interpretationen* erfordert eine aktive Suche nach Informationen. Mit Ausnahme der Luftrettung wurde die aktive Informationssuche in allen Untersuchungsfeldern festgestellt. Im Besonderen ist das Vier-Augen-Prinzip ein tief verwurzelter Bestandteil von Einsatzsituationen.
- In allen betrachteten Unternehmen werden Fehler offen angesprochen und kommuniziert, was die Basis für ein aktives Lernen darstellt. Eine systema-

tische Fehlererfassung und Dokumentation ist nicht die Regel. Lediglich in der Luftrettung und in allen kleinen und mittleren Unternehmen kommen diese Methoden zur Anwendung. Das hier implizierte HRO-Prinzip *Streben nach Flexibilität* ist somit zum Teil empirisch bestätigt worden.

- Entscheidungsfreiheit und das damit verbundene Merkmal *Respekt vor fachlichem Wissen und Können* sind bis auf die Organisationen der Luftrettung kein prägendes Kennzeichen der anderen Hochleister. In Krisensituationen obliegt den jeweiligen Führungskräften die Entscheidungskompetenz und damit das „letzte Wort“. Jedoch werden die Mitarbeiterinnen und Mitarbeiter im Vorfeld von Entscheidungen zumindest angehört. Alleinige Entscheidungen wurden in keinen der untersuchten Teams getroffen.

5.6 Zusammenführung der theoretischen Erkenntnisse

In den vorherigen Kapiteln hat sich gezeigt, dass sich verschiedene HRO-Prinzipien positiv auf ein sicheres und zuverlässiges Handeln auswirken. Zum Teil finden sich diese Praktiken in Hochleistungsorganisationen wieder. Hinsichtlich der Frage nach der Übertragbarkeit von Mustern wird im Ergebnis deutlich, dass Achtsamkeit ein erfolgsentscheidendes Kriterium für Hochleistung darstellt. Dennoch ist nicht nachgewiesen, ob sich die Prinzipien auch in anderen Wirtschaftsunternehmen wiederfinden.

Bei einem Vergleich der verschiedenen Formen des Krisenmanagements mit der HRT werden einige Parallelen deutlich. Alle fünf HRO-Prinzipien lassen sich einer der Krisenphasen zuordnen (vgl. Abb. 8). Das integrierte Modell stellt die Basis für die Verknüpfung der HRT mit dem Krisenmanagement dar und verdeutlicht das Grundverständnis für das weitere Vorgehen. Mithilfe der ersten drei HRO-Prinzipien gelingt es HRO, Unerwartetes zu antizipieren. Alle drei Elemente *(Konzentration auf Fehler*, *Abneigung gegen vereinfachende Interpretationen* und *Sensibilität für betriebliche Abläufe)* wirken sich förderlich auf die frühzeitige Entdeckung schwacher Signale aus und sind mit dem aktiven Krisenmanagement gleichzusetzen. Je früher Abweichungen vom Normalzustand wahrgenommen werden, desto mehr Handlungsoptionen stehen zur Verfügung. Die beiden Prinzipien *Streben nach Flexibilität* sowie *Respekt vor fachlichem Wissen und Können* ermöglichen eine flexible Reaktion bei der Bewältigung unerwarteter Ereignisse. Demzufolge stellen beide Merkmale auch Elemente des reaktiven Krisenmanagements dar. In dieser Phase hat das Bedrohungspotenzial zugenommen, und ein sofortiges Handeln ist erforderlich. Die nachfolgende Abbildung verdeutlicht diesen Zusammenhang.

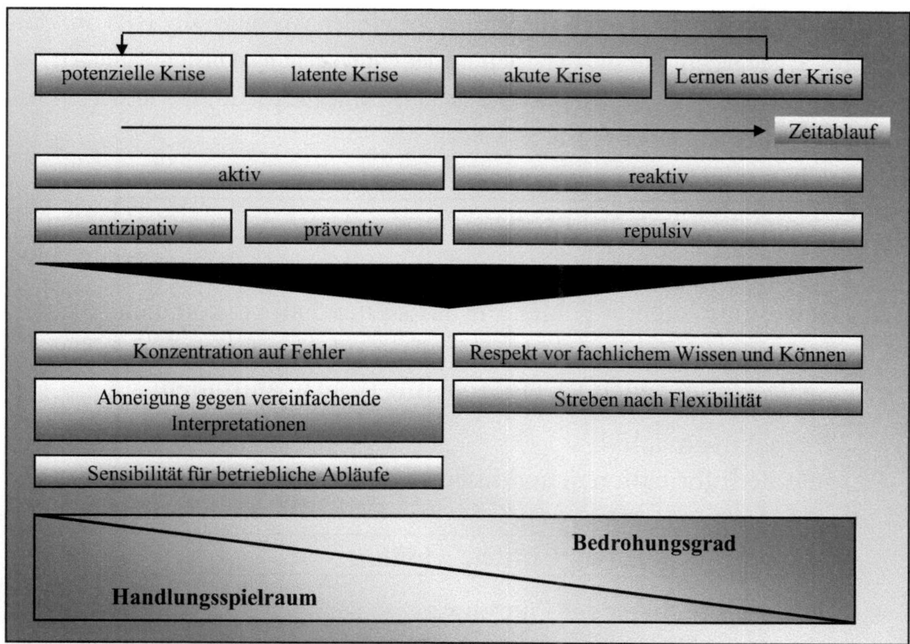

Abb. 8: Integriertes Modell (eigene Darstellung).

5.7 Untersuchungsinhalte

Um die Forschungsfrage zu beantworten, ist es für das weitere Vorgehen notwendig, sich ein genaues Bild von den zu erhebenden Informationen zu machen (Gläser & Laudel, 2010, S. 78). Hinsichtlich der Art und Weise der qualitativen Gewinnung von Erkenntnissen gibt es verschiedene Auffassungen. Einige Forscherinnen und Forscher aus den Sozialwissenschaften lehnen eine Explizierung des Vorwissens in Form von Hypothesen zugunsten einer größtmöglichen Offenheit ab (Meinefeld, 2012, S. 266ff.). Demgegenüber existieren Meinungen, die die Vorab-Formulierung inhaltlich gerichteter Hypothesen für notwendig erachten (Hopf, 1983, S. 43). Für die Untersuchung der Fragestellung dieser Arbeit wurden Hypothesen gebildet, da das zu untersuchende Forschungsthema, die Übertragbarkeit der HRT auf Wirtschaftsunternehmen, geradezu die Fokussierung auf bestimmte inhaltliche Aspekte erfordert. Im Rahmen dieser Form von qualitativer Forschung wird die Formulierung von Vorannahmen als erforderlich betrachtet (Meinefeld, 2012, S. 273). Dies soll ein am Forschungsziel ausgerichtetes, systematisches Sammeln von Daten ermöglichen, die anschließend gemeinsam interpretiert werden (Meinefeld, 1997, S. 29f.). Zu diesem Zweck wurden zunächst die zentralen Aussagen der HRT in Themenaspekte gegliedert. Für die Präzisierung der Untersuchungsinhalte wurde auf die Dimensionen der HRT (vgl. Kapitel 4.2 & 4.3) zurückgegriffen, die in der nachstehenden Übersicht zusammengefasst werden.

Konzentration auf Fehler

- Identifikation latenter Fehler
- Bewertung latenter Fehler, die auf keinen Fall vorkommen

Abneigung gegen vereinfachende Interpretationen

- Perspektivenvielfalt
- geteilte Informationen und Interpretationsschemata

Sensibilität für betriebliche Abläufe

- Verantwortlichkeit der Führung
- Wissens-/Informationsaustausch über Betriebsabläufe

Streben nach Flexibilität

- Bereitschaft aus Fehlern zu lernen
- Kommunikation identifizierter Fehler
- Umsetzung erkannter Verbesserungen

Respekt vor fachlichem Wissen und Können

- kurzfristige Auflösung des Hierarchieprinzips
- Übertragung von Entscheidungsbefugnissen
- rasches Bündeln von Fachkenntnissen

Abb. 9: Indikatoren der High-Reliability-Theorie (Untersuchungsinhalte) (eigene Darstellung).

Darauf aufbauend wurden Hypothesen formuliert, an denen sich der weitere Verlauf der Untersuchung orientierte (Abb. 10). Die Hypothesen haben zum einen die Aufgabe, die Vorannahmen offen darzulegen, und zum anderen die empirische Erhebung anzuleiten, da sie das Erkenntnisinteresse detaillieren (Gläser & Laudel, 2010, S. 77).

Auf Basis der HRT wurde ein Leitfaden entwickelt (vgl. Anhang), der sechs verschiedene Themenaspekte umfasst, die im Laufe der Interviews angesprochen wurden. Der Leitfaden wurde auf das Untersuchungsfeld ausgerichtet und benennt diejenigen Informationen, die für die Beantwortung der Forschungsfrage erhoben werden mussten (Gläser & Laudel, 2010, S. 91). Im Besonderen beinhaltet er Fragen nach den beobachteten Praktiken der HRO.
Im ersten Teil werden verschiedene allgemeine Gesichtspunkte zur Aufgabentätigkeit und Funktion der Person sowie zum Krisenmanagement abgefragt. Hierdurch soll ein erster Einblick in das Krisenmanagement des Unternehmens gewonnen werden. Zudem ist von Interesse, inwieweit das Thema von der Geschäftsführung getragen wird und in Form von verbindlichen Standards geregelt ist.

Der zweite Abschnitt beschäftigt sich mit verschiedenen Punkten im Zusammenhang mit dem ersten HRO-Prinzip, der *Konzentration auf Fehler*. Da im Vorfeld oftmals Anzeichen für eine drohende Sicherheitskrise vorliegen, konzentrieren sich HRO darauf, sicherheitskritische Ereignisse so früh wie möglich festzustellen und die schwachen Signale potenzieller Krisenherde in der Entstehungsphase zu entdecken. Infolgedessen richtet sich der Fokus in diesem Abschnitt auf die Methoden zur Krisenvermeidung in den betrachteten Unternehmen. Es soll ermittelt werden, inwieweit die erste Hypothese („Im Rahmen des aktiven Krisenmanagements existieren Früherkennungsmethoden zur Identifikation potenzieller sicherheitskritischer Ereignisse in der Entstehungsphase.“) zutrifft. Aus diesem Grund betreffen die Fragen vornehmlich Aspekte des präventiven Krisenmanagements.

Im dritten Bereich wird das Prinzip *Abneigung gegen vereinfachende Interpretationen* näher beleuchtet. Im Kern geht es um die Vermeidung von Fehlinterpretationen und -prognosen aufgrund der begrenzten menschlichen Informationskapazität. Durch die Fokussierung auf bestimmte Sicherheitsthematiken besteht die Gefahr, neuartige bedrohliche Entwicklungen zu übersehen. Die hierdurch entstehenden vereinfachten Annahmen und Ereignisinterpretationen können durch Perspektivenvielfalt sowie durch ein gemeinsames Problemverständnis verhindert werden. Eine entsprechende Grundlage bilden die Verfügbarkeit und der gegenseitige Austausch von Informationen, durch die geteilte Informationen und Interpretationsschemata entstehen. Im Zuge dessen wurde die zweite Hypothese („Das Unternehmen sucht aktiv nach Informationen, um so vereinfachende Interpretationen der Realität zu vermeiden.“) aufgestellt. Aus der Befragung sollen Erkenntnisse der Informationsbeschaffung und -verbreitung sowie der kommunikativen Vernetzung gewonnen werden.

Als Nächstes wird im vierten Themenkomplex das Merkmal *Sensibilität für betriebliche Abläufe* betrachtet. HRO richten ihre Aufmerksamkeit auf das alltägliche Tagesgeschäft, bei dem konzentriert nach kleinen Abweichungen und Störungen im Betrieb gesucht wird. Eine wesentliche Voraussetzung ist, dass das Management auf allen Ebenen vom Nutzen und Mehrwert eines Krisenmanagements sowie einer sorgfältigen Vorbereitung, Planung und Organisation überzeugt ist. Sowohl das Commitment der Geschäftsführung als auch der praktische Wissens- und Informationsaustausch über das Krisenmanagement wirken sich förderlich auf das Mitarbeiterverständnis aus. Da sich Krisen relativ selten ereignen, ist im Vorfeld eine bewusste Auseinandersetzung mit der Thematik notwendig. In diesem Zusammenhang wird die dritte Hypothese untersucht: „Die Mitarbeiterinnen und Mitarbeiter im Unternehmen werden für mögliche Krisenpotenziale sensibilisiert.“

Der fünfte Fragenkomplex beschäftigt sich mit dem HRO-Prinzip *Streben nach Flexibilität.* HRO besitzen im Umgang mit Überraschungen die Fähigkeit zur Improvisation und nutzen aufgetretene Sicherheitsereignisse zur Erweiterung ihrer Reaktionsfähigkeiten. Sie zeigen Bereitschaft, aus Schadensfällen zu lernen und die hieraus gezogenen Konsequenzen schnell und präzise unternehmensweit zu kommunizieren. In diesem Zusammenhang wurde die vierte Hypothese gebildet, die besagt: „Nach jedem außergewöhnlichen Ereignis findet ein ausführlicher Lernprozess statt.“ Unter diesem Blickwinkel werden Fragen zur Ereignisbewältigung und den im Nachhinein ergriffenen Maßnahmen aufgeworfen, um festzustellen inwieweit das Vorgehen einer kritischen Bilanz unterzogen wurde.

Schließlich befasst sich der sechste Bereich mit dem Prinzip *Respekt vor fachlichem Wissen und Können.* HRO übertragen bei eingetretenen sicherheitskritischen Ereignissen die Entscheidungsgewalt mitunter an die unterste Ebene und somit an diejenige Person, die in diesem Moment die beste Lösung für das Problem kennt. Im Hinblick darauf wird die letzte Hypothese („Im Rahmen der Ereignisbewältigung können die Mitarbeiterinnen und Mitarbeiter eigenverantwortlich Entscheidungen treffen, auch ohne eine hierarchisch herausgehobene Position im Team einzunehmen.") überprüft. Zur Untersuchung dieser These werden verschiedene Fragen zur Entscheidungsfindung thematisiert.

Die nachfolgende Abbildung fasst die Herleitung der Hypothesen nochmals zusammen.

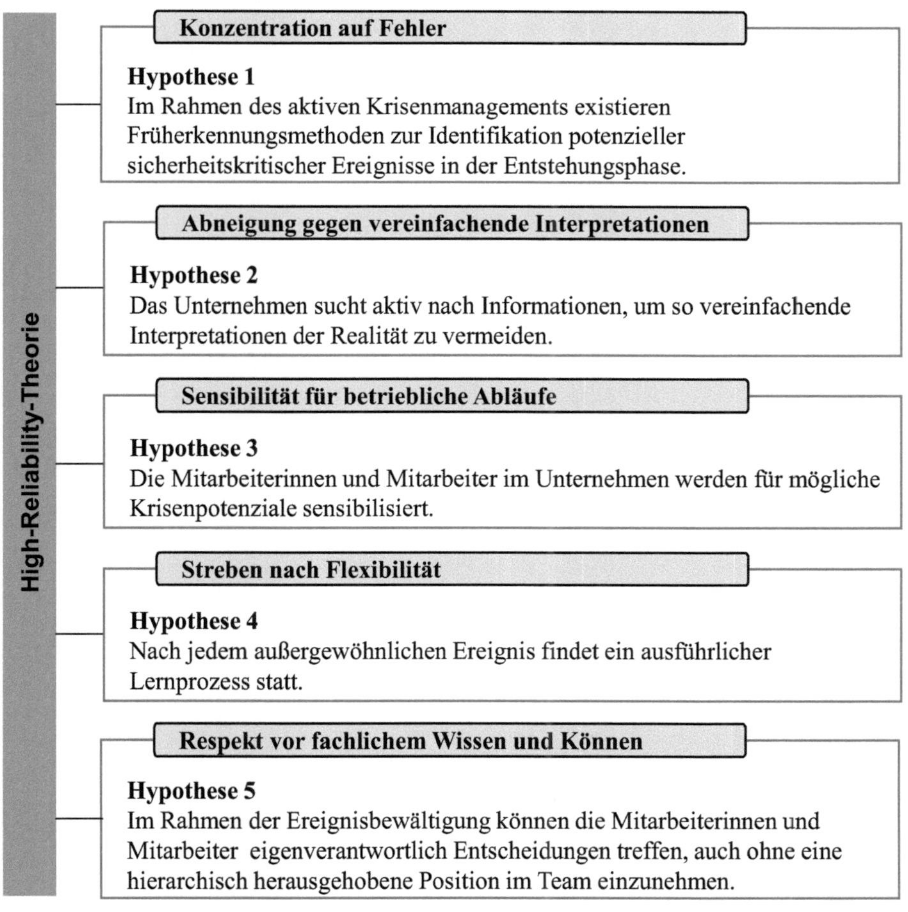

Abb. 10: Ableitung von Hypothesen (eigene Darstellung).

6 Grundlagen der empirischen Untersuchung

In diesem Kapitel wird zur Dokumentation der intersubjektiven Nachvollziehbarkeit des Forschungsprozesses das methodische Vorgehen erläutert (Kapitel 6.1). Darauf aufbauend werden die untersuchten Forschungsbereiche vorgestellt (Kapitel 6.2). Schließlich werden die Aufgabengebiete der untersuchten Unternehmen in der Art präsentiert, dass keine Rückschlüsse auf den Unternehmensnamen gezogen werden können (Kapitel 6.3).

6.1 Methodisches Vorgehen

6.1.1 Wahl der Erklärungsstrategie

In Anbetracht der geringen Kenntnisse über zuverlässigkeitsbeeinflussende Faktoren der zu untersuchenden Unternehmen bieten sich für die Erkenntnisgewinnung qualitative Methoden an. Der qualitativen Forschung wurde dabei der Vorzug eingeräumt, da sie besonders für die Erschließung eines bislang wenig erforschten Wirklichkeitsbereichs empfohlen wird (Flick, 2011, S. 513f; Flick, Kardorff & Steinke, 2012, S. 25). Zudem gilt es, bedingt durch das grundlegende Forschungsinteresse, dem Prinzip der Offenheit möglichst gerecht zu werden. Anhand qualitativer Methoden kann häufig ein konkreteres und plastischeres Bild (Flick, Kardorff & Steinke, 2012, S. 17) davon erzeugt werden, was es aus Sicht der Unternehmen heißt, z. B. zuverlässig und sicher zu handeln. Grundsätzlich ließen sich auch quantitative Methoden sinnvoll auf die Fragestellung anwenden, denn der quantitativen und der qualitativen Sozialforschung ist gemeinsam, dass sie soziale Sachverhalte interpretieren. Die Anwendung quantifizierender Erhebungsmethoden verlangt jedoch den Einbezug einer großen Anzahl von Untersuchungsfällen (Gläser & Laudel, 2010, S. 27); je mehr Fälle beobachtet werden, desto valider fallen die Ergebnisse aus (Plümper, 2012, S. 72). Die Validität (Gültigkeit) stellt ein Gütekriterium der quantitativen Forschung dar und gibt das Ausmaß an, „in dem das Messinstrument tatsächlich das misst, was es messen soll" (Schnell, Hill & Esser, 2011, S. 146). Im Rahmen dieser Ausarbeitung ist es in Anbetracht des begrenzten Bearbeitungszeitraumes jedoch nicht umsetzbar, eine ausreichend große Stichprobe zu befragen, um valide Ergebnisse zu erhalten. Zudem ist das Untersuchungsthema so speziell, dass die Anzahl der möglichen Interviewpartner stark begrenzt ist. Aus diesen Gründen wurden alternative Methoden wie beispielsweise die quantitative Befragung für diese Untersuchung nicht herangezogen.

6.1.2 Auswahl der Untersuchungsobjekte

Die Fallauswahl soll die Beantwortung der Forschungsfrage gewährleisten (Gläser & Laudel, 2010, S. 97). Das Untersuchungsobjekt dieser Arbeit wurde durch die Thematik der wissenschaftlichen Studie vorgegeben, wonach Wirtschaftsunternehmen im Mittelpunkt der Betrachtung stehen. Die Auswahl wurde durch zwei Kriterien eingegrenzt:

- Unternehmen des produzierenden Gewerbes
- Berücksichtigung eines der 200 umsatzstärksten deutschen Unternehmen aus dem Jahr 2011

Die Beschränkung auf eine Wirtschaftsbranche wurde vorgenommen, um repräsentativere Ergebnisse bei der Überprüfung der Forschungsfrage zu erlangen. Alle Unternehmen des produzierenden Gewerbes haben annähernd dieselben Geschäftsprozesse und damit ähnliche Sicherheitsherausforderungen zu bewältigen. Durch eine höhere Falluntersuchung innerhalb einer Branche lassen sich bessere Rückschlüsse auf eine Übertragbarkeit der HRT ziehen, als wenn Einzelergebnisse zu verschiedenen Wirtschaftszweigen vorlägen.

Zudem fiel die Entscheidung zugunsten besonders umsatzstarker Unternehmen aus, da diese einen überdurchschnittlich großen Beitrag zum Wirtschaftswachstum in Deutschland leisten und als Motor für Wohlstand und Fortschritt in der Gesellschaft angesehen werden (Johann, 2012). Es wurde vermutet, dass sie in bestimmten Bereichen ähnliche Eigenschaften wie die HRO aufweisen und zuverlässig agieren. Das Streben nach Zuverlässigkeit begründet sich weniger durch den Einsatz gefährlicher Technologien. Vielmehr ist davon auszugehen, dass hierfür ethisch-moralische Aspekte wie auch das Interesse der Öffentlichkeit eine Rolle spielen.

Die Annäherung an die Frage nach der Übertragbarkeit der HRT auf das Krisenmanagement sollte mittels verschiedener perspektivischer Zugänge erfolgen, um eine breite und tiefe Erfassung des Untersuchungsgegenstandes zu ermöglichen. Neben den zu betrachtenden Unternehmen war es angedacht, Wirtschaftsverbände in den Untersuchungsgegenstand miteinzubeziehen. Es war vorgesehen, ausschließlich Mitglieder des Bundesverbands der Deutschen Industrie zu berücksichtigen, da die meisten Unternehmen des produzierenden Gewerbes in diesem Verbund zusammengeschlossen sind. Zudem war geplant, Dienstleistungsunternehmen zu kontaktieren, die u. a. eine Beratungsleistung für Wirtschaftsunternehmen anbieten. Im Fokus standen Dienstleister, die in ihrem Portfolio Beratungskonzepte zu HRO unterbreiten. Aus verschiedenen Gründen konnte diese Vorgehensweise nicht wie geplant verfolgt werden, wie in Kapitel 6.2.1 erläutert wird.

6.1.3 Das leitfadengestützte Interview

Für die empirische Untersuchung diente das leitfadengestützte Experteninterview als unverzichtbares Erhebungsinstrument für die Befragungen (Meuser & Nagel, 2010, S. 464). Hierbei gewährleistet ein flexibel zu handhabender Leitfaden die Offenheit des Interviewverlaufs durch eine lockere, unbürokratische Führung des Interviews (Meuser & Nagel, 1991, S. 449). Durch die Entwicklung eines Leitfadens wird die thematische Vergleichbarkeit sichergestellt und das Gesprächsthema auf das Wesentliche fokussiert (ebd., S. 453).

Im Rahmen der Untersuchung wurde ein Leitfaden entwickelt, bei dem die wichtigsten Themengebiete und Fragen vorgegeben wurden. Grundlage für die Erstellung bildete die HRT. Über eine Frageliste wurde erreicht, dass die Gesprächspartnerinnen und Gesprächspartner zu allen wichtigen Aspekten Auskunft gaben. In einem persönlichen Gespräch wurden Fragen an die Interviewperson gerichtet, die in direktem Bezug zur Forschungsfrage stehen. Der Leitfaden diente lediglich als Richtschnur, da Nachfragen und die Reihenfolge der Fragen nicht verbindlich festgelegt wurden. Aufgrund der Vorgabe der zu erhebenden Themen und des gleichzeitig gegebenen Spielraums bei der konkreten Gestaltung der Befragung spricht man auch von einem teilstandardisierten Interview (Flick, 2011, S. 223).

Als Experteninnen und Experten standen alle Personen zur Auswahl, die über spezifisches Wissen für die Untersuchung verfügten (Gläser & Laudel, 2010, S. 43). Dabei kam der richtigen Auswahl der Gesprächspartnerinnen und -partner eine entscheidende Rolle zu, da sie für die Art und Qualität der Informationen, die während der Befragung gewonnen wurden, ausschlaggebend war (ebd., S. 117). Die Kennzeichnung als Expertin und Experte stellt einen relationalen Status dar, der in erster Linie vom Forschungsinteresse abhängt. Hinsichtlich des jeweiligen Erkenntnisinteresses wird der Expertenstatus in gewisser Weise von den Forscherinnen und Forschern verliehen (Meuser & Nagel, 1991, S. 443).

In Anbetracht der Forschungsfrage wurden Interviewpartnerinnen und -partner in Erwägung gezogen, die Aussagen über das Krisenmanagement in Wirtschaftsunternehmen treffen konnten. Für den Bereich der Wirtschaftsverbände wurden Gesprächspartnerinnen und -partner aus Ausschüssen oder Abteilungen recherchiert, die einen intensiven Kontakt bzw. eine intensive Zusammenarbeit mit der Unternehmenssicherheit der jeweiligen Wirtschaftsorganisationen pflegten. Die Auswahl von Gesprächspartnerinnen und -partnern aus den Wirtschaftsunternehmen erfolgte auf Basis der beruflichen Stellung und des damit implizit unterstellten besonderen Wissens zur Forschungsthematik. Es war geplant, Kontakt zu Leiterinnen und Leitern der Corporate Security oder den für das Krisenmanagement zuständigen Mitarbeiterinnen bzw. Mitarbeitern aufzunehmen. In den HRO-Beratungsunternehmen war es vorgesehen, die Geschäftsführerin oder den Geschäftsführer als potenzielle Interviewpartnerin oder -partner zu gewinnen. Dieses Vorgehen konnte, wie in Kapitel 6.2.1 dargelegt, nicht überall wie angedacht umgesetzt werden.

6.1.4 Transkription und Auswertung der Interviews

Die Auswertung der Interviews hat zum Ziel, die Forschungsfrage zu beantworten (Gläser & Laudel, 2010, S. 246). Hierfür ist es notwendig, die Gespräche zu dokumentieren, um diese Daten für die Auswertung zu nutzen. Generell sind bei Experteninterviews die inhaltliche Vollständigkeit der Transkription nicht der Normalfall und aufwendige Notationssysteme entbehrlich (Meusel & Nagel, 1991, S. 455). Das Ausmaß der Transkription beschränkte sich daher auf Aussagen, die zur Beantwortung der Forschungsfrage beitrugen.

Im vorliegenden Fall wurde auf Basis des eigenen Gedächtnisses und der während der Befragung erstellten stichwortartigen Niederschrift ein Kurzprotokoll angefertigt. Um den Auswirkungen sozial erwünschter Antworttendenzen entgegenzuwirken, wurde sich bewusst gegen eine technische Aufzeichnung des Interviews entschieden. Durch eine Aufnahme könnte die oder der Interviewte zusätzlich unter Druck stehen, nicht die Antwort zu geben, die sie oder er für zutreffend hält. Gerade im Sicherheitsbereich wird erwartet, dass über sensible und vertrauliche Informationen keine Auskunft gegeben wird. Mit dem Verzicht auf eine Aufzeichnung wurde dieser Schwierigkeit bewusst entgegengewirkt. Die Protokolle wurden zur Wahrung der erforderlichen Distanz und Objektivität in der indirekten Rede, dem Konjunktiv verfasst. Um schwerwiegende Missverständnisse zu vermeiden, wurde das Protokoll den Befragten zur Einsichtnahme und Korrektur vorgelegt. Eine Veröffentlichung der Gesprächsprotokolle wurde nicht in Betracht gezogen, um eine Identifizierung der untersuchten Unternehmen zu vermeiden. Allerdings wurden alle Kernaussagen in Kapitel 7 zusammenfassend dargelegt und interpretiert.

Zur Auslegung und Erklärung der protokollierten Interviews gibt es eine Reihe von Auswertungstechniken. Dabei hängt die Analysetechnik grundsätzlich von der Zielsetzung, der Fragestellung und dem methodischen Ansatz ab (Gläser & Laudel, 2010, S. 246 f.; Schmidt, 2012, S. 447). Als Auswertungsmethode für diese Untersuchung wurde die qualitative Inhaltsanalyse gewählt, deren Ziel die systematische Bearbeitung von Kommunikationsmaterial ist (Mayring, 2012, S. 468). Sie zeichnet sich durch Regel- und Theoriegeleitetheit der Interpretation aus, ist dabei aber kein Standardinstrument, das nach einem Schema abläuft, sondern richtet sich nach der spezifischen Fragestellung (Mayring, 2010, S. 49, 57).

Für die vorliegende Arbeit wurde ein individuelles Auswertungsschema entwickelt. Dabei wurde auf verschiedene wissenschaftliche Forschungsmodelle zurückgegriffen, die flexibel an die Untersuchungsbedingungen angepasst wurden (Flick, 2011, S. 386ff.; Gläser & Laudel, 2010, S. 197ff.; Mayring, 2012, S. 468ff.; Mayring, 2010; Meusel & Nagel, 1991, S.452ff; Schmidt, 2012, S. 447ff.). Im Folgenden wird die konkrete Auswertungsstrategie dargelegt und anhand eines sechsstufigen Ablaufmodells beschrieben. Dabei folgt das dargestellte Verfahren von der Vorgehensweise her einer strukturierten Inhaltsanalyse (Mayring, 2012, S. 473).

Stufe 1 – theorieorientierte Bildung von Auswertungskategorien

Bei der qualitativen Inhaltsanalyse stellt das Kategoriensystem das zentrale Instrument der Analyse dar (Mayring, 2012, S. 49). Die Auswertungskategorien ergeben sich in der vorliegenden Untersuchung konsequenterweise aus den fünf HRO-Prinzipien. Im Rahmen der Experteninterviews gilt es zu untersuchen, inwieweit die HRO-Grundmuster in der Praxis auftreten. Alle fünf Prinzipien stellen die Grundlage und das Vorverständnis des Forschungsgegenstandes dar. Die HRT ist somit Ausgangspunkt und zugleich Anlass der Forschung. Aus dem theoretischen Konzept werden die Kategorien direkt abgeleitet.

Stufe 2 – Bestimmung von Merkmalsausprägungen (Indikatoren)

Im weiteren Verlauf werden die Kategorien inhaltlich näher bestimmt. Dabei werden für jedes HRO-Prinzip typische Indikatoren benannt. Die Indikatoren wurden im

Kapitel 5 hergeleitet und als Untersuchungsinhalte aufgeführt sowie in der Abbildung 10 veranschaulicht. Die vorherige eindeutige Festlegung der Indikatoren dient dem Zweck, zu erkennen, wann empirische Phänomene die klassischen HRO-Merkmalsausprägungen aufweisen.

Stufe 3 – Zuordnung von Textpassagen zu einer Kategorie

Relevante Gesprächsinhalte werden bereits während der Protokollierung den entsprechenden Kategorien zugewiesen. Zur Verdeutlichung der Merkmalsausprägungen werden typische Textpassagen („Ankerbeispiele") herangezogen und den jeweiligen Indikatoren zugeordnet. Mithilfe dieses Verfahrens werden alle Merkmalsausprägungen nacheinander auf das jeweilige Interview angewendet. Aufgrund der geringen Anzahl von Experteninterviews wird dieses Verfahren für jeden Fall einzeln durchgeführt. In der folgenden Tabelle werden Textstellen aufgeführt, die unter eine HRO-Merkmalausprägung fallen und als Beispiele für diese Ausprägung gelten sollen.

HRO-Prinzip	Definition	Merkmalausprägung (Indikator)	Ankerbeispiel
Konzentration auf Fehler	existierende Früherkennungsmethoden zur Identifikation potenzieller sicherheitskritischer Ereignisse in der Entstehungsphase	Identifikation latenter Fehler	integriertes Lage- und Führungszentrum, das einen Teil des Risikomanagements zentral für den Gesamtkonzern durchführt
		Bewertung latenter Fehler, die auf keinen Fall vorkommen dürfen	ganzheitliche Risikobewertung nach Eintrittswahrscheinlichkeit und Schadensausmaß potenzieller Krisen

HRO-Prinzip	Definition	Merkmalausprägung (Indikator)	Ankerbeispiel
Abneigung gegen vereinfachende Interpretationen	aktive Suche nach Informationen, um so vereinfachende Interpretationen der Realität zu vermeiden	Perspektivenvielfalt	Bildung von fachübergreifenden Projektteams bei sich anbahnenden Krisen zur Erarbeitung eines umfassenden Sicherheitslagebilds
		geteilte Informationen und Interpretationsschemata	persönlicher bzw. direkter Austausch impliziten Mitarbeiterwissens
Sensibilität für betriebliche Abläufe	bewusste Auseinandersetzung und Sensibilisierung für mögliche Krisenpotenziale	Verantwortlichkeit der Führung	vom Vorstand bzw. der Geschäftsführung verabschiedete Policy zum Krisenmanagement, in der weltweit einheitliche Standards festgelegt und verbindlich beschrieben werden
		Wissens-/Informationsaustausch über Betriebsabläufe	Trainingsmaßnahmen, Auditierungen des Umsetzungstands von Sicherheitsstandards
Streben nach Flexibilität	ausführlicher Lernprozess nach jedem außergewöhnlichen Ereignis zur Erweiterung der Reaktionsfähigkeiten	Bereitschaft, aus Fehlern zu lernen	standardisierte und systematische Ursachenanalyse
		Kommunikation identifizierter Fehler	Veröffentlichung von Lessons Learned in einer Wissensdatenbank
		Umsetzung erkannter Verbesserungen	konkrete umgesetzte Gegenmaßnahmen, z. B. Definition von Meldewegen

HRO-Prinzip	Definition	Merkmalausprägung (Indikator)	Ankerbeispiel
Respekt vor fachlichem Wissen und Können	Treffen eigenverantwortlicher Entscheidungen, auch ohne eine hierarchisch herausgehobene Position im Team einzunehmen	kurzfristige Auflösung des Hierarchieprinzips	zeitlich befristete Einberufung von Krisenstäben
		Übertragung von Entscheidungsbefugnissen	situationsangepasste dezentrale Entscheidungsbefugnisse der lokalen Krisenstäbe
		rasches Bündeln von Fachkenntnissen	schnelle Einsatzfähigkeit des Krisenstabs durch etablierte Alarmierungswege

Tab. 3: Ankerbeispiele für die Indikatoren der HRO-Prinzipien (eigene Darstellung).

Stufe 4 – Zusammenstellung der Ergebnisse

Im nächsten Schritt werden die Ergebnisse auf der Grundlage einer Bewertung in der folgenden Tabellenform zusammengefasst.

Kategorie	Merkmalsausprägung (Indikator)	Bewertung	Gesamt
Konzentration auf Fehler	Identifikation latenter Fehler		
	Bewertung latenter Fehler, die auf keinen Fall vorkommen dürfen		
Abneigung gegen vereinfachende Interpretationen	Perspektivenvielfalt		
	geteilte Informationen und Interpretationsschema		
Sensibilität für betriebliche Abläufe	Verantwortlichkeit der Führung		
	Wissens-/Informationsaustausch über Betriebsabläufe		

Kategorie	Merkmalsausprägung (Indikator)	Bewertung	Gesamt
Streben nach Flexibilität	Bereitschaft, aus Fehlern zu lernen		
	Kommunikation identifizierter Fehler		
	Umsetzung erkannter Verbesserungen		
Respekt vor fachlichem Wissen und Können	kurzfristige Auflösung des Hierarchieprinzips		
	Übertragung von Entscheidungsbefugnissen		
	rasches Bündeln von Fachkenntnissen		

Tab. 4: Auswertungsschema (eigene Darstellung).

Die in der dritten Stufe vorgenommenen Zuordnungen zu den Merkmalsausprägungen werden innerhalb eines Bewertungssystems mit den Noten eins bis drei beurteilt. Die Unterteilung in drei Bestätigungsstufen zeigt den abgestuften Übereinstimmungsstand mit der jeweiligen Hypothese an (vgl. Abbildung 10, Ableitung von Hypothesen). Für jedes analysierte Untersuchungsobjekt wird das in der folgenden Tabelle dargestellte Bewertungssystem zugrunde gelegt.

Note	Bedeutung
1 (1,0 bis 1,4)	bestätigt
2 (1,5 bis 2,4)	bedingt bestätigt
3 (2,5 bis 3,0)	nicht bestätigt

Tab. 5: Bewertungssystem (eigene Darstellung).

Je HRO-Kategorie wird ein Durchschnittswert ermittelt, der sich als Quotient aus der Summe aller Merkmalausprägungen innerhalb einer Kategorie und der Anzahl der Merkmalausprägungen ergibt. Anschließend werden die Ergebnisse in einem Spinnennetzdiagramm grafisch visualisiert, wodurch die Ausprägungen der HRO-Prinzipien deutlich werden und sich ein erster Überblick für eine Beantwortung der Forschungsfrage ergibt.

Stufe 5 – thematischer Vergleich
Der nächste Schritt besteht nun darin, zwischen allen untersuchten Fällen eine vergleichende Analyse durchzuführen, um Gemeinsamkeiten und Unterschiede darzulegen. Zur Visualisierung dient ein Balkendiagramm, in dem alle Untersuchungsobjekte zusammengefasst werden.

Stufe 6 – vertiefende Fallinterpretation
Die vertiefende Fallinterpretation berücksichtigt Besonderheiten einzelner Interviews. In dieser Auswertungsstufe werden die Ergebnisse in Richtung der Forschungsfrage interpretiert und die entwickelten Hypothesen einer kritischen Überprüfung unterzogen.

6.2 Untersuchte Forschungsbereiche

6.2.1 Probleme der Datenerhebung

Insgesamt wurden 31 Organisationen kontaktiert und um Unterstützung gebeten. Die Reaktionen auf die Anfrage waren sehr unterschiedlich; im Ergebnis wurde/n:

- zehn Zusagen erhalten und entsprechende Interviews durchgeführt,
- eine Zusage erhalten, das Interview wurde jedoch nicht verwertet,
- drei Zusagen erhalten, die der Vereinbarung eines Interviews aber nicht nachkamen,
- zwei Zusagen erhalten; die zugehörigen Interviews konnten jedoch zeitlich nicht mehr umgesetzt werden,
- acht Absagen erhalten und
- siebenmal keine Antwort erhalten.

Gleich zu Beginn zeichnete sich ab, dass die wenigsten Wirtschaftsverbände über entsprechende Ansprechpersonen verfügen. Aus diesem Grund wurde das geplante Vorgehen geändert und die Entscheidung getroffen, mehr Unternehmen als Untersuchungsobjekte in Betracht zu ziehen. Zudem waren die Informationen aus dem geführten Interview mit den beiden Wirtschaftsverbänden nicht detailliert genug, woraufhin auf eine Bewertung und Visualisierung verzichtet wurde. Bei den Unternehmen gestaltete sich der Zugang zu den richtigen Ansprechpersonen schwierig, etwa wurden Anfragen über die Zentrale nicht an die verantwortlichen Personen weitergeleitet oder eine Teilnahme an der Befragung wurde von vornherein nicht befürwortet. Im weiteren Verlauf wurde daher der direkte Kontakt zu den Leiterinnen und Leitern der Unternehmenssicherheit gesucht. Des Weiteren wurde der vorerst kalkulierte Erhebungszeitraum verlängert, da zwischen Kontaktanfrage, Genehmigung und Terminvereinbarung erhebliche zeitliche Verzögerungen eintraten. Ferner konnte von den elf durchgeführten Befragungen ein Interview nicht verwertet werden, da die Person nach Zusendung des Protokolls ihr Einverständnis zurückzog.

6.2.2 Untersuchte Organisationen

Im Zeitraum vom 20. September 2012 bis 8. November 2012 wurden zehn verwertbare Interviews mit insgesamt zwölf Personen aus elf unterschiedlichen Organisationen durchgeführt. Den Gesprächspartnerinnen und -partnern wurde absolute Vertraulichkeit zugesichert. Aus diesem Grund wurden alle erhobenen personen- und unternehmensbezogenen Daten anonymisiert. Konkret wurden mit folgenden Unternehmen Gespräche geführt:

- sechs Unternehmen des verarbeitenden Gewerbes
- ein Unternehmen der Informations- und Kommunikationsbranche
- zwei Industrieverbände
- ein HRO-Beratungsunternehmen
- ein Industrieparkbetreiber

Insgesamt wurden folgende Personen nach der Übertragbarkeit der auf das Krisenmanagement in Wirtschaftsunternehmen befragt:

- vier Leiter der Corporate Security
- ein Leiter der Site-Security
- zwei Business-Continuity-Manager
- ein Leiter der Gefahrenabwehr
- ein Notfallmanager
- ein Geschäftsführer
- ein Verantwortlicher für Sicherheit
- eine Verantwortliche für Recht

6.3 Aufgabengebiete der untersuchten Organisationen

6.3.1 Wirtschaftsunternehmen

Fast alle interviewten Personen aus den Unternehmen waren in der Abteilung *Corporate Security* beschäftigt. Je nach Funktion waren sie für verschiedene Aufgaben verantwortlich. Der Leiter der Corporate Security ist für die Entwicklung umfassender und einheitlicher Risikostrategien (Policy, Verfahren, Management, Training usw.) verantwortlich, um die Organisation vor einem breiten Spektrum an Bedrohungen zu schützen (ASIS, 2013, S. 13). Grundsätzlich umfasst die Corporate Security die zentrale Bearbeitung übergeordneter Sicherheitsthemen, die für das gesamte Unternehmen weltweit Bedeutung haben (Sack, 2010, S. 108). Die Etablierung einer solchen Organisationseinheit setzt eine gewisse Größe und Struktur des Unternehmens voraus. Gewöhnlich handelt es sich um einen Konzern, eine Unternehmensgruppe oder eine Holding mit einer großen Anzahl von Standorten in verschiedenen Ländern mit unterschiedlichen Risiken (Sack, 2010, S. 24).

Je nach Größe und Ausrichtung des Unternehmens können die Aufgaben variieren und in der Verantwortung mehrerer Organisationseinheiten liegen. Zur Bestimmung der Aufgabenfelder können verschiedene Abgrenzungskriterien herangezogen werden:

Als erstes Kriterium wird auf die Begriffe *Safety* und *Security* zurückgegriffen. Der Begriff *Security* umfasst die Abwehr von Gefahren, die aus vorsätzlichem Verhalten zum Nachteil des Unternehmens entstehen (z. B. kriminelle Handlungen). Hingegen befasst sich der Bereich *Safety* mit der Abwehr von Gefahren, die aus technischem Versagen oder menschlichem (fahrlässigem) Fehlverhalten (z. B. Arbeitssicherheit, Brandschutz, Anlagensicherheit, Gesundheitsschutz) resultieren (Sack, 2010, S. 21 ff.). In international aufgestellten Unternehmen werden von der Corporate Security in der Regel sowohl präventive als auch reaktive Security-Aufgaben wahrgenommen.

Als weiteres Abgrenzungskriterium dienen die verschiedenen Risikoarten auf der betriebswirtschaftlichen bzw. unternehmerischen Ebene, die eine Unterscheidung zwischen finanzwirtschaftlichen und leistungswirtschaftlichen Risiken trifft (Wolke, 2008, S. 7). Für die Corporate Security ist eine Untermenge der leistungswirtschaftlichen Risiken von Relevanz, die das Betriebsrisiko von externen Ereignissen betrifft. Hierzu zählen Risiken höherer Gewalt (Naturkatastrophen wie z. B. Erdbeben,

Überschwemmung), Delikte von Drittparteien (z. B. Diebstahl, Sachbeschädigung, Produktpiraterie) und politische Risiken (ebd., S. 201f.).

Aus der Aufgabenabgrenzung ergibt sich eine Vielzahl zu bearbeitender Sicherheitsthemen, die entweder direkt von der Corporate Security oder aufgrund ihrer besonderen Bedeutung von anderen Abteilungen betreut werden. Oftmals liegen die Themen bezüglich der IT-Sicherheit oder des Korruptionsschutzes in der Zuständigkeit der IT- oder Compliance-Abteilung.

Die folgende Darstellung zeigt beispielhaft die Aufgabenfelder eines international agierenden Unternehmens, die das Grundgerüst der Corporate Security bilden.

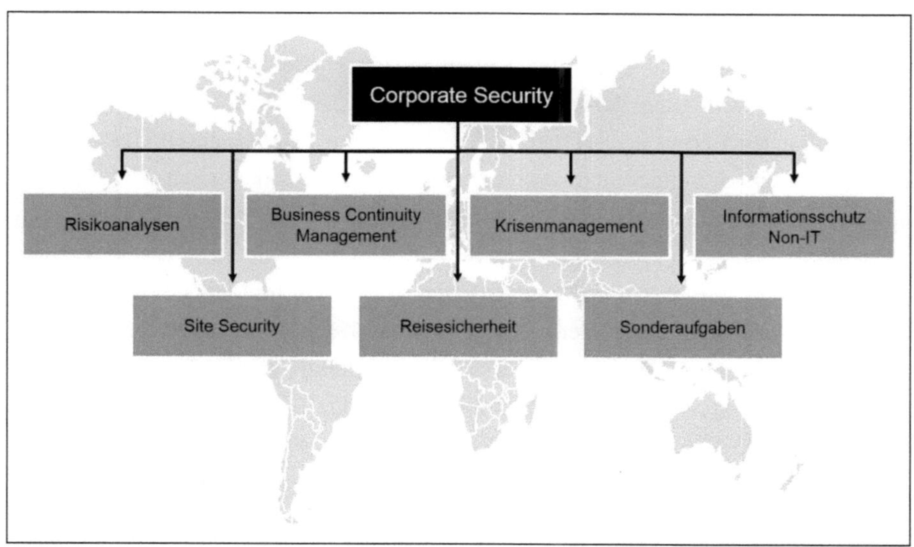

Abb.11: Aufgabenfelder der Corporate Security (eigene Darstellung).

Bei dem Aufgabenfeld *Risikoanalyse* werden potenzielle Gefahren für das Unternehmen ermittelt und hinsichtlich ihrer Eintrittswahrscheinlichkeit und ihres Schadensausmaßes bewertet. Im Anschluss werden Schutzziele definiert und – unter Berücksichtigung der wirtschaftlichen Verhältnismäßigkeit – geeignete Maßnahmen, zur Zielerreichung festgelegt (Sack, 2010, S. 37).

Das *Business-Continuity-Management* (BCM), auch als Geschäftsfortführungsmanagement bezeichnet, ist ein essenzieller Teil des Vorsorgeprozesses des Unternehmens, um im Falle einer Geschäftsunterbrechung bzw. Störung die kontinuierliche Bereitstellung zeitkritischer Produkte oder Dienstleistungen auf einer akzeptablen, vordefinierten Ebene sicherzustellen. Hierfür werden potenzielle Gefährdungen für eine Organisation und deren Auswirkungen auf Geschäftsprozesse identifiziert, die den Fortbestand des Unternehmens bedrohen können. Um die Geschäftsinteressen (Schlüsselprozesse und -personen, Reputation, Wertschöpfung etc.) zu schützen, werden notwendige Maßnahmen festgelegt, mit dem Ziel, die Widerstandsfähigkeit des Unternehmens zu steigern (ISO, 2012).

Das *Krisenmanagement*, sowohl das aktive als auch das reaktive (vgl. Kapitel 3.1), trägt für den Fall einer Krise durch die Schaffung konzeptioneller, organisatorischer und verfahrensmäßiger Voraussetzungen zu einer schnellstmöglichen Zurückführung der eingetretenen Schadenssituation in den Normalzustand bei. Es gewährleistet die Entscheidungsfähigkeit des Unternehmens sowie eine zielgerichtete und koordinierte Bewältigung der Krise (BSI, 2009, S. 134). Im Mittelpunkt der Betrachtung stehen Krisen im Rahmen des BCM, die zu einer längeren Geschäftsunterbrechung führen können, und auch darüber hinaus gehende Krisen aller Art, wie z. B. die Entführung von Mitarbeiterinnen oder Mitarbeitern.

Der *Informationsschutz (Non-IT)* umfasst den Schutz vertraulicher Informationen, die dem Unternehmen durch Verlust oder Nicht-Verfügbarkeit, durch Kenntnisnahme durch Unbefugte (Vertraulichkeit) und/oder durch Verfälschung (Integrität) einen wesentlichen Schaden zufügen könnten (Sack, 2010, S. 91). Basierend auf der zuvor erläuterten Risikoanalyse werden entsprechende Maßnahmen in einem integrierten Informationsschutzkonzept unter Berücksichtigung möglicher Gefährdungen festgelegt. Betrachtet werden alle Gefährdungen, die durch Menschen (z. B. Nachlässigkeit oder kriminelle Handlungen), durch physikalische Gegebenheiten (z. B. Brand im Rechenzentrum) oder durch IT-technische Vorfälle (z. B. Viren) verursacht werden (ebd., S. 104). Die Gesamtverantwortung für das integrierte Informationsschutzkonzept liegt meist bei der Corporate Security, die mit der IT-Abteilung eng zusammenarbeitet (ebd., S. 106).

Die *Site-Security* ist für alle Sicherheitsaufgaben an einem Standort verantwortlich. Je nach lokalen Gegebenheiten wie Rechtslage und Risiko werden geeignete Maßnahmen zur Erreichung eines definierten Sicherheitsniveaus geplant und umgesetzt (Sack, 2010, S. 108). Je nach Ergebnis der Risikoanalyse erfolgt die Absicherung eines Standortes beispielsweise durch Kontrollen an den Ein- und Ausgängen, durch Streifendienst, Perimeterschutz, durch den Betrieb einer Einsatz- und Lagezentrale oder mittels Ermittlungen bei Straftatverdacht (ebd., S. 133).

Das Thema *Reisesicherheit* beinhaltet einen standardisierten Prozess für Auslandreisen, um die Sicherheit von Geschäftsreisenden als auch von Expatriates, d. h. Mitarbeiterinnen oder Mitarbeiter, die von einem international agierenden Unternehmen vorübergehend an eine ausländische Niederlassung entsandt werden, zu erhöhen. Auf Grundlage eines risikoorientierten Ansatzes (Länderrisiko-Einstufung) werden vorbereitende, begleitende und nachbereitende Sicherheitsmaßnahmen umgesetzt.

Unter *Sonderaufgaben* werden alle Sicherheitsaufgaben zusammengefasst, die zusätzlich zum regulären alltäglichen Betrieb zu erledigen sind. Der Veranstaltungsschutz stellt sowohl eine regelmäßig wiederkehrende (z. B. Aktionärshauptversammlung) als auch eine aus besonderem Anlass (z. B. Einweihung eines neuen Standortes) bedingte Sonderaufgabe dar. Darüber hinaus fallen Sonderaufgaben während Due-Diligence-Prüfungen (Beteiligungsprüfung, Informationsoffenlegung) an. Die Corporate Security nimmt bezüglich potenzieller Investitions-, Übernahme- oder Fusionskandidaten Stellung zu sicherheitsrelevanten Aspekten und gibt z. B. Auskunft über das Bedrohungspotenzial am Produktionsstandort des Kaufkandidaten. Des Weiteren ist die Corporate Security bei Entscheidungen zur Erschließung neuer Auslandsmärkte eingebunden. Die aus der Risikoanalyse erstellten Lagebilder dienen dem Management als Entscheidungshilfe bei künftigen Markteintritten.

6.3.2 Industrieparkbetreiber

In einem Industriepark sind mehrere eigenständige und autonome Unternehmen aus der chemischen Industrie ansässig, die alle ihre eigenen Richtlinien hinsichtlich Umwelt und Sicherheit aufweisen. Der Standortbetreiber des Industrieparks hat die Aufgabe, übergeordnete Schutz- und Vorsorgemaßnahmen für das Notfallmanagement und die Gefahrenabwehr-Organisation für alle am Standort produzierenden Unternehmen zu schaffen. Im Sinne des Umweltschutzes, der Sicherheit und der Gefahrenabwehr nimmt der Standortbetreiber in der Regel folgende Aufgaben wahr:

- Notfall- und Krisenmanagement
- Werkschutz
- Objektschutz

- Besuchermanagement
- Ermittlungsdienst
- Verbindungsaufnahme zur öffentlichen Gefahrenabwehr
- Spionage-Abwehr
- Schulungs- und Seminarangebote für ansässige Unternehmen
- Konzepterstellung für verschiedene Sicherheitsthemen
- Beratung und Auditierungen von Firmen im In- und Ausland sowie Industrieparks
- Beratung und Unterstützungsleistung bei Zertifizierungen nach dem Sicherheitsüberprüfungsgesetz (SÜG), sog. Zugelassenen Wirtschaftsbeteiligten (AEO; Authorised Economic Operator) und bekannter Versender

Zur Durchsetzung der erforderlichen Aufgaben wird mit allen Produktionsunternehmen ein Standortvertrag abgeschlossen. Mit der Anerkennung des Vertrages stimmen sie zu, dass der Industrieparkbetreiber gewisse Weisungsrechte wahrnimmt. Unter anderem koordinieren die Mitarbeiterinnen und Mitarbeiter des Betreibers (z. B. Notfallmanager, Werkfeuerwehr) alle notwendigen Abläufe für ein einheitliches Krisenmanagement. Dieses komplexe Aufgabengebiet umfasst u. a. den Alarmdienst, die Veranlassung von Warnmaßnahmen, die Gefährdungsbeurteilung von Emissionen, die Einstufung der Ereignisse nach der Störfallverordnung (Meldestufen D1 bis D4), die Absetzung von Sofortmeldungen an Behörden, die Krisenkommunikation, den Rettungsdienst und die Gefahrenabwehr. Das Ziel ist hierbei, den Schaden so gering wie möglich zu halten und den Standortbetrieb so weit wie möglich aufrechtzuerhalten, inklusive die Verfügbarkeit der Entsorgung, Versorgung, Energie und Logistik (Rohstoffe) sicherzustellen.

6.3.3 HRO-Unternehmensberatung

Dieser Gesprächspartner berät seit 2007 Unternehmen und Einrichtungen, die sich zu Hochzuverlässigkeitsorganisationen weiterentwickeln möchten. Im Fokus seiner HRO-Beratung steht die Unterstützung von Unternehmen und Organisationen bei der Etablierung alternativer Handlungs- und Lösungsmuster, um unerwartete Ereignisse zu managen. Einen Schwerpunkt bilden der Aufbau von resilienten Teams und die Stärkung der Mitarbeiterachtsamkeit. Je nach Bedarf kommen verschiedene Methoden zur Anwendung, um die HRO-Erfolgsfaktoren nachhaltig in der Organisation umzusetzen. Das Beratungsangebot erstreckt sich über folgende Dienstleistungen:

- HRO-Einführungsworkshops zum Verständnis der HRO-Prinzipien
- Workshops zur Analyse einzelner unerwarteter Ereignisse und Beinahe-Unfälle
- HRO-Kultur-Assessments zum Erkennen von Handlungsbedarf
- konzeptionelle Erarbeitung von Lösungsvorschlägen
- Team-Assessments zur Verbesserung der Resilienz durch Ergänzung der Rollen und Verantwortlichkeiten
- mehrjährige, begleitete organisationale Veränderungsprozesse zur Implementierung von HRO-Erfolgsfaktoren
- Audits der organisationalen Verhaltensänderungen anhand der HRO-Kriterien

Durch diese Beratung trägt der Gesprächspartner zur Umsetzung der HRO-Prinzipien bei. Er arbeitet sowohl mit dem öffentlichen Sektor als auch mit Unternehmen aus Industrie und Mittelstand zusammen. Sein Kundenkreis erstreckt sich über die Branchen der Informationstechnik, Automobilindustrie, Logistik und Finanzen. Nach Ansicht des Interviewten haben seine Kunden die Grenzen der technischen Qualitäts- und Risikomanagementsysteme erkannt und sind auf der Suche nach alternativen Lösungsansätzen. Zum Zeitpunkt des Interviews war das Unternehmen für die Einführung des High-Reliable Organizing in einem mittelständischen IT-Unternehmen verantwortlich. Dieses Unternehmen entwickelt Software für die Logistikbranche und ist führender Anbieter von Transport-Management-Systemen.

6.3.4 Industrieverbände

Die Mitarbeiterinnen und Mitarbeiter der Corporate Security sind häufig Mitglied in verschiedenen Sicherheitsverbänden, Sicherheitsfachgruppen oder Ausschüssen, um auf diesem Weg Einfluss auf Regierungsvorhaben zu nehmen oder anderen Interessen nachzugehen. Diese Verbände oder Fachgruppen fungieren oft als:

- Partner in der politischen Gesetzgebung
- Interessenvertretung gegenüber Regierung, Politik und Verwaltung
- Sprachrohr zu den Medien
- Koordinierungsstelle zur Weitergabe von Sicherheitsinformationen zwischen Staat und Wirtschaft
- Ansprech- und Kooperationspartner bei Sicherheitsbehörden

- Netzwerk zum umfassenden Informations- und Erfahrungsaustausch
- Kommunikationsplattform der Wirtschaft in Sicherheitsfragen
- Informations- und Beratungsstelle der Mitglieder zu Sicherheitsfragen
- Ausrichter von Sicherheitsveranstaltungen
- Mitwirkender bei der Gestaltung von Aus- und Weiterbildungsangeboten im Sicherheitsbereich

7 Ergebnisse der Untersuchung

In diesem Kapitel wird die Übertragbarkeit der HRT auf das Krisenmanagement in Wirtschaftsunternehmen betrachtet, und es werden die Ergebnisse der empirischen Untersuchung vorgestellt (Kapitel 7.1 bis 7.10). Alle Interviews werden nacheinander betrachtet und im Hinblick auf die Identifikation von HRO-Faktoren analysiert.

7.1 Krisenmanagement aus Sicht von Wirtschaftsverbänden

Die interviewten Personen sind in zwei verschiedenen Wirtschaftsverbänden tätig und als Referentin für Recht sowie als Referent für Sicherheit eingesetzt.

Konzentration auf Fehler
Nach Meinung der Gesprächspartnerin bzw. des Gesprächspartners können Unternehmen nicht allen Sicherheitsrisiken präventiv vorbeugen und sich dagegen gleichermaßen schützen. Vielmehr müssen Schwerpunkte gesetzt werden, weshalb je nach zugehöriger Wirtschaftsbranche unterschiedliche Krisenszenarien in die Risikoanalyse einbezogen werden. Das Krisenmanagement der Unternehmen richtet sich dabei nach den drei Phasen der *Krisenvermeidung*, *Krisenbewältigung* und *Krisennachbereitung*. Beide Interviewten nennen den Aufbau und die Aufrechterhaltung von Know-how, die Absicherung der Produktionsprozesse, insbesondere den Schutz vor Maschinenmanipulationen, die Absicherung der Kommunikation untereinander sowie die Mitarbeitersicherheit als zentrale Gefährdungen, gegen die Vorkehrungen getroffen werden. Insgesamt deuten die Ausführungen beider Befragten darauf hin, dass die HRO-Merkmalsausprägungen *Identifikation latenter Fehler* und *Bewertung latenter Fehler, die auf keinen Fall vorkommen dürfen* im Krisenmanagement umgesetzt werden.

Abneigung gegen vereinfachende Interpretationen
Nach Erfahrung der Interviewten findet zwischen den Unternehmen ein aktiver Informations- und Wissensaustausch statt. Generell bezeichnen die Gesprächspartner den Informationsfluss im präventiven Bereich zwischen allen Ebenen als beachtlich. Über persönliche Kontakte und Networking findet ein Erfahrungsaustausch statt. Sowohl die regelmäßigen Treffen mit dem Wirtschaftsverband als auch der aktive Informations- und Wissensaustausch unter den Unternehmen sind Belege für eine gute Zusammenarbeit. Einige Unternehmen haben freiwillige Netzwerke etab-

liert und sich z. B. zu Computer-Notfallteams (Computer-Emergency-Response-Teams) zusammengeschlossen, über die Computerangriffe an die Mitglieder übermittelt werden. Durch diese Art von Warn- und Informationsdienst kann schnell und nachhaltig auf Sicherheitsvorfälle reagiert werden. Somit sind auch für das zweite HRO-Prinzip mit den Indikatoren *Perspektivenvielfalt* sowie *geteilte Informationen und Interpretationsschemata* Indizien vorhanden.

Sensibilität für betriebliche Abläufe

Die Sensibilisierung für das Thema *Sicherheit* wird nach Auffassung der Gesprächspartnerin als notwendig erachtet. Zur Steigerung des Sicherheitsbewusstseins werden in den Unternehmen verschiedene Maßnahmen umgesetzt. Nach ihrer Ansicht kommen verschiedene Vermittlungsmethoden in Form von internen sowie externen Schulungen und technische Unterweisungen zur Anwendung. Des Weiteren werden Handlungsanweisungen und Leitfäden, z. B. für das Verhalten bei Auslandsentsendungen, erarbeitet. Durch die hier genannten Ausführungen kommen die HRO-Indikatoren *Verantwortlichkeit der Führung* und *Wissens-/Informationsaustausch über Betriebsabläufe* zum Ausdruck.

Streben nach Flexibilität

Nach Ansicht der beiden Befragten werden Sicherheitsereignisse zum Teil in einem speziellen Berichtssystem dokumentiert. Nach der Krisenbewältigung erfolgt eine interne Auswertung und Nachbereitung des Ereignisses, um auf Verbesserungen der Sicherheit hinzuwirken. Die gewonnenen Erkenntnisse fließen in die Krisenpläne und Handlungsleitfäden ein, die daraufhin aktualisiert werden. Die unternehmensinterne Kommunikation dieser Informationen trägt dazu bei, Sicherheitsvorfälle zu vermeiden oder zumindest deren Auswirkungen zu beschränken. Anhand dieser Aussagen wird vermutet, dass die drei HRO-Ausprägungen *Bereitschaft, aus Fehlern zu lernen, Kommunikation identifizierter Fehler* sowie *Umsetzung erkannter Verbesserungen* zur Anwendung kommen.

Respekt vor fachlichem Wissen und Können

Nach Kenntnis des Gesprächspartners werden die Entscheidungsstrukturen in der Krisenbewältigung durch klare Zuständigkeiten festgelegt, wodurch kurze Informations- und Entscheidungswege entstehen. Zur Gewährleistung eines schnellen Informationsflusses sind die Entscheidungswege so dezentral wie möglich gestaltet. Die direkte Ansprechperson kann je nach Zuständigkeitskompetenz unter Zeitdruck eigenverantwortliche Entscheidungen treffen, um auf veränderte Gegebenheiten gezielter und flexibler zu reagieren. Durch diese Schilderungen werden Anhaltspunkte für das HRO-Merkmal *Übertragung von Entscheidungsbefugnissen* ersichtlich.

7.2 Krisenmanagement aus Sicht eines HRO-Beratungsunternehmens

Der Gesprächspartner ist seit 1995 Unternehmensberater, u. a. für Executive Coaching, systemische Organisationsentwicklung, Teamentwicklung, Change-Management und High-Reliable Organizing.

Konzentration auf Fehler

Das HRO-Merkmal *Identifikation latenter Fehler* kommt durch die Einberufung von Workshops zum Tragen, die bei unklaren und sich anbahnenden Problemen durchgeführt werden. Mehrere Arbeitsgruppen tragen parallel alle verfügbaren Informationen zusammen, erarbeiten ein gemeinsames Lagebild und präsentieren dieses im Anschluss der jeweiligen Geschäftsführung. Die Geschäftsführung wertet die Informationen der Arbeitsgruppen unmittelbar aus, diskutiert sie, einigt sich auf ein Ergebnis und entwirft einen Aktionsplan. Fehlentscheidungen werden durch diese Methode vermieden. Durch den Workshop wird ein Großteil des Problems bereits im Anfangsstadium erkannt und behoben. Die erarbeiteten Lagebilder geben sofortige Hinweise, wie eine instabile Situation kurzfristig stabilisiert werden kann und welche mittel- und langfristigen Maßnahmen zur Problembearbeitung und Prävention ergriffen werden sollten.

Das HRO-Kriterium *Bewertung latenter Fehler, die auf keinen Fall vorkommen dürfen* wird umgesetzt, indem allen abweichenden Ereignissen eine hohe Bedeutung beigemessen wird. Sobald unvorhergesehene Situationen eintreten, werden Lagebilder innerhalb eines Teams erstellt. Die Ergebnisse und die Umsetzung des Lagebildes werden in der Folge durch Mitarbeiterinnen und Mitarbeiter sowie Führungskräfte in einem Monitoring überwacht.

Abneigung gegen vereinfachende Interpretationen

Die erwähnten Workshops liefern eine breite Informationsbasis für das bestehende Problem und ermöglichen die Antizipation von Schwachstellen. Das HRO-Merkmal *Perspektivenvielfalt* wird dadurch deutlich. Es entsteht ein komplexes Lagebild über bislang unklare Situationen. Das Wissen aller Mitarbeiterinnen und Mitarbeiter und damit unterschiedliche Expertisen werden der Geschäftsführung zugänglich gemacht. Insgesamt verteilt sich die Früherkennung auf viele Schultern.

Die Diskussion der Geschäftsführung bzw. Teamleitung über die Arbeitsgruppenergebnisse läuft nach einem bestimmten Verfahren ab. In den Workshops verschaffen sich die Geschäftsführung, aber auch Führungskräfte einzelner Teams ein Bild von vielschichtigen, mehrdeutigen und widersprüchlichen Situationen. Während der Diskussion wird die Geschäftsführung bzw. Teamleitung von anderen Mitarbeiterinnen bzw. Mitarbeitern von außen beobachtet. Im Anschluss geben die Beobachter ein Feedback über die Zusammenarbeit der Geschäftsführung und benennen „blinde Flecken". Als festgelegte Beobachtungskriterien dienen: die Kommunikation, das Führungsverhalten, die situative Achtsamkeit, das Entscheidungsverhalten und die Zusammenarbeit. Das gegenseitige Feedback führt zu einer aktiven Informationsbereitschaft, fördert die Mitarbeiterakzeptanz und trägt zum Aufbau gemeinsamer mentaler Modelle bzw. Landkarten bei. Das HRO-Kriterium *geteilte Informationen und Interpretationsschemata* wird auf diese Weise umgesetzt. Des Weiteren wirken sich die Beobachtungstechniken positiv auf den Lernerfolg aus und schaffen Toleranz gegenüber unterschiedlichen Sichtweisen; Schuldzuweisungen an andere Abteilungen und Personen haben damit ein Ende. In einer ungezwungenen Atmosphäre werden die zugrunde liegenden Annahmen der Mitarbeiterinnen und Mitarbeiter reflektiert. Das Problem wird als Teil eines komplexen Systems verstanden.

Sensibilität für betriebliche Abläufe

Die Anwesenheit der Geschäftsführung bei den Workshops sowie ihre Bereitschaft, sich bewerten zu lassen, bringen das HRO-Merkmal *Verantwortlichkeit der Führung* zum Ausdruck.

Das HRO-Kriterium *Wissens-/Informationsaustausch über Betriebsabläufe* äußert sich auf verschiedene Weise. Die Workshops und insbesondere die Erstellung von Lagebildern regen durch den Wissens- und Informationsaustausch zum eigenständigen Mitdenken an. Die Mitarbeiterinnen und Mitarbeiter werden aufgefordert, sich selbstständig Gedanken über die aktuelle Problemsituation zu machen. Dadurch entsteht ein Problembewusstsein für die gegenwärtige Situation, das sich positiv auf die Achtsamkeit auswirkt. Da es kaum verbindliche Regeln und Vorschriften gibt, werden alternative Handlungsweisen zur Problemlösung gewagt. Nach Ansicht des Gesprächspartners sind für die Herausbildung von Mitarbeiterachtsamkeit kaum verbindliche Regeln und Vorschriften notwendig. Er erläutert seine Auffassung anhand der Straßenverkehrsregel „rechts vor links“. Einige Städte seien vermehrt dazu übergegangen, Straßenverkehrsschilder zu entfernen. Durch diese Überschaubarkeit habe sich die Häufigkeit von Verkehrsunfällen in den Städten deutlich reduziert. Dieses Prinzip, so wenig verbindliche Regeln wie möglich, gilt es, auf Unternehmen zu übertragen. Allerdings tendieren Unternehmen dazu, sämtliche Organisations- und Produktionsabläufe durch detaillierte Prozesslandschaften zu beschreiben und zu regeln. Die Erfahrung zeigt allerdings: Je mehr Regeln es gibt, desto stärker verlassen sich die Mitarbeiterinnen und Mitarbeiter darauf und sind ggf. weniger anpassungsfähig und bereit, alternative Handlungsweisen zur Problemlösung zu wagen.

Eine weitere Methode zur Förderung der Sensibilität stellt die Analyse der Teamstrukturen dar. Der Gesprächspartner nutzt das empirisch entwickelte Team-Management-System (TMS) von Margerison und McCann (Tscheuschner & Wagner, 2011). Für das ganze Unternehmen und seine Teams wird ein Team-Management-Profil erstellt. Jede Mitarbeiterin und jeder Mitarbeiter wird schwerpunktmäßig einer der acht Rollen bzw. Arbeitspräferenzen *entdeckender Promotor*, *auswählender Entwickler*, *zielstrebiger Organisator*, *systematischer Umsetzer*, *kontrollierender Überwacher*, *unterstützender Stabilisator*, *informierter Berater* oder *kreativer Innovator* zugeordnet. Erfolgreiche Teams decken alle Arbeitsfunktionen ab, wobei je nach Unternehmensbranche die Schwerpunkte variieren. Die Team-Management-Profile werden mittels webbasierter Fragebögen erstellt. Die Feststellung der Teamzusammensetzung fördert die Reflektion und damit die Sensibilität für die jeweilige Aufgabenwahrnehmung. Anhand der Rollenverteilung werden bislang unbekannte Schwächen sichtbar, wenn z. B. bestimmte Rollen unterpräsentiert sind. Weiterhin gelangen die Stärken der Teammitglieder (erneut) ins Bewusstsein, wodurch das Vertrauen in die eigenen Fähigkeiten und in die Teamleistung gestärkt wird. Bei allen Tätigkeiten, die Genauigkeit und Präzision abverlangen, spielen die beiden Funktionen *kontrollierender Überwacher* und *unterstützender Stabilisator* eine wichtige Rolle. Ebenso sind sie für die Gewährleistung von Sicherheit von zentraler Bedeutung. Bei mangelnder Ausprägung dieser beiden Bereiche können erhebliche Sicherheitsmängel entstehen, die zu einer Krise führen können. Generell erfordern alle betrieblichen Abläufe ihre eigenen erfolgsrelevanten Arbeitsfunktionen. Ein Soll-Ist-Abgleich zwischen der vorliegenden Rollenverteilung und den erforderlichen Arbeitsfunktionen macht Defizite transparent. Je nach Handlungsbedarf ist es empfehlenswert, dass Mitarbeiterinnen bzw. Mitarbeiter andere Stellen einnehmen, die ihren individuellen Präferenzen und Fähigkeiten besser entsprechen. Das stärkt den Aufbau resilienter Teams.

Streben nach Flexibilität
Die HRO-Merkmale *Bereitschaft aus Fehlern zu lernen, Kommunikation identifizierter Fehler* sowie *Umsetzung erkannter Verbesserungen* werden durch verschiedene Praktiken umgesetzt.

Nach einem kritischen Ereignis findet eine systematische Ereignisanalyse (englisch: Staff-Rides) statt. Dabei handelt es sich ursprünglich um eine von militärischen Schulen und Feldeinheiten praktizierte Methode, in der andere Teilnehmer die Rolle einer in das zu analysierende Ereignis involvierte Person einnimmt. Dadurch wird das Zustandekommen von Vorfällen aus verschiedenen Blickwinkeln betrachtet. Die persönlich vom Problem betroffenen Teilnehmerinnen und Teilnehmer des Staff-Ride beleuchten in einer schuldfreien Atmosphäre im Besonderen die folgenden Fragen:

- Was geschah?
- Was hätte ich an dieser Stelle getan bzw. anders gemacht?
- Inwieweit können die Organisation, die Führungsebene und die Mitarbeiterinnen und Mitarbeiter zur Verhinderung ähnlicher Ereignisse beitragen?

Die Antworten auf diese Fragen tragen zur Konstruktion der Wirklichkeit bei. Durch diesen offenen Umgang entsteht eine positive Fehler- bzw. Lernkultur.

In einer Wissensdatenbank im Intranet werden die Erkenntnisse über die Ursachen des unerwarteten Ereignisses sowie Handlungsempfehlungen veröffentlicht. Die Erstellung erfolgt in Form von Lessons Learned, wofür mehrere betroffene Mitarbeiterinnen und Mitarbeiter zuständig sind. Auf Basis eines webbasierten Forums ist es möglich, Erfahrungen auszutauschen und zu dokumentieren, um den Informationsfluss zu verbessern. Alle aufgezeigten Handlungsempfehlungen werden auf Verbesserungsmaßnahmen hin geprüft und bei Bedarf umgesetzt.

Respekt vor fachlichem Wissen und Können

Das Feedback an die Geschäftsführung aus den Workshops führt zu einer aktiven Informationsbereitschaft und fördert die Mitarbeiterakzeptanz. Die Beschäftigten fühlen sich gleichwertig und auf Augenhöhe mit dem Management. Deshalb kann von einem klassischen Über- und Unterstellungsverhältnis nicht mehr die Rede sein. Dieser Aspekt spricht für das HRO-Merkmal *kurzfristige Auflösung des Hierarchieprinzips*.

Der Gesprächspartner begleitet die Unternehmen bei dreijährigen organisationalen Veränderungsprozessen, bei denen verschiedene HRO-Praktiken implementiert werden. Durch die Einführung dieses Veränderungsprozesses wandeln sich die Entscheidungsstrukturen. Die Mitarbeiterinnen und Mitarbeiter treffen mehr eigenverantwortliche und situative Entscheidungen als zuvor und werden in ihrer Arbeitsweise selbstständiger. Bei sich langsam anbahnenden Problemen werden in der Gruppe gemeinsame Lösungen und Entscheidungen herbeigeführt. In gewissem Maße kommt hierdurch das HRO-Merkmal *Übertragung von Entscheidungsbefugnissen* zum Vorschein.

Das HRO-Kriterium *rasches Bündeln von Fachkenntnissen* äußert sich in der Einberufung von Workshops. Sobald unerwartete Ereignisse auftreten, setzen sich die betroffenen Abteilungen bzw. Teams zusammen und erarbeiten ein gemeinsames Lagebild für die Geschäftsführung. Damit werden das Wissen aller Mitarbeiterinnen und Mitarbeiter und die unterschiedlichen Expertisen zugänglich gemacht.

Die Gesamtbewertung fällt für alle HRO-Indikatoren sehr positiv aus. Es wird deutlich, dass der direkte Mitarbeiterkontakt sowohl im aktiven als auch reaktiven Krisenmanagement eine entscheidende Rolle einnimmt. Durch den begleitenden Organisationsentwicklungsprozess werden die HRO-Prinzipien nicht nur kurzfristig, sondern nachhaltig in der Unternehmenskultur etabliert. Die nachfolgenden Übersichten spiegeln die Auswertungsergebnisse wider, die allesamt als sehr gut einzustufen sind. Die Bewertung erfolgte mithilfe der Noten 1 bis 3 (1 = Indikator bestätigt; 2 = Indikator bedingt bestätigt; 3 = Indikator nicht bestätigt).

Kategorie	Merkmalsausprägung (Indikator)	Bewertung	Gesamt
Konzentration auf Fehler	Identifikation latenter Fehler	1	**1**
	Bewertung latenter Fehler, die auf keinen Fall vorkommen dürfen	1	
Abneigung gegen vereinfachende Interpretationen	Perspektivenvielfalt	1	**1**
	geteilte Informationen und Interpretationsschemata	1	
Sensibilität für betriebliche Abläufe	Verantwortlichkeit der Führung	1	**1**
	Wissens-/Informationsaustausch über Betriebsabläufe	1	
Streben nach Flexibilität	Bereitschaft, aus Fehlern zu lernen	1	**1**
	Kommunikation identifizierter Fehler	1	
	Umsetzung erkannter Verbesserungen	1	
Respekt vor fachlichem Wissen und Können	kurzfristige Auflösung des Hierarchieprinzips	1	**1**
	Übertragung von Entscheidungsbefugnissen	1	
	rasches Bündeln von Fachkenntnissen	1	

Tab. 6: Auswertung bei einem HRO-Beratungsunternehmen (eigene Darstellung).

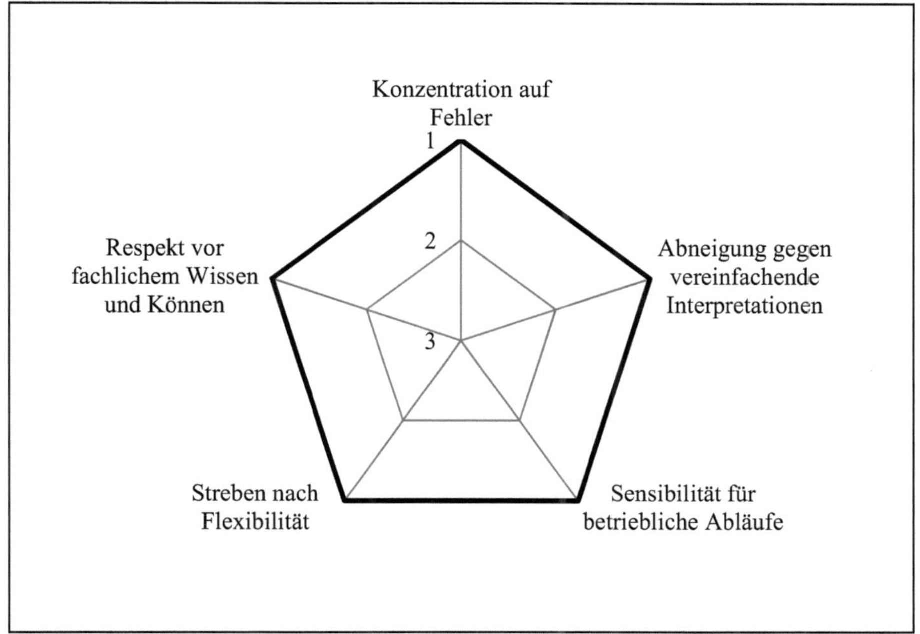

Abb. 12: HRO-Ausprägung bei einem HRO-Beratungsunternehmen (eigene Darstellung).

7.3 Krisenmanagement aus Sicht eines Industrieparkbetreibers

Die Gesprächspartner, der Leiter Gefahrenwehr sowie ein Notfallmanager, sind Mitarbeiter eines Industrieparkbetreibers, in dem zahlreiche Unternehmen angesiedelt sind. Beide haben die Aufgabe, bei Störfällen und Notfallsituationen alle erforderlichen Maßnahmen im Sinne des Umweltschutzes, der Sicherheit und der Gefahrenabwehr durchzusetzen.

Konzentration auf Fehler

Zur Früherkennung potenzieller Krisen sind bestimmte Prozesse etabliert, durch die die Ausprägung des HRO-Merkmals *Identifikation latenter Fehler* ersichtlich wird. Beispielsweise sind alle im Industriepark angesiedelten Unternehmen verpflichtet, signifikante Ereignisse zu melden und ggf. über die Unternehmensgrenzen hinweg zu kommunizieren. Hierfür haben die Unternehmen Reporting-Systeme, z. B. für Beinahe-Unfälle, eingerichtet.

Gleichermaßen werden auch vom Industrieparkbetreiber Vorkehrungen für alle Unternehmen im Rahmen des vereinbarten Standortvertrages getroffen. Aus dem Bereich *Safety* sind zu nennen:

- Luftüberwachungen und -messungen, z. B. von Salzsäure
- Wasserstandsmessungen zwecks Hochwasserbeobachtung
- Installation von Gefahren- und Brandmeldern
- Anlagenmessungen von Temperatur, Füllmengen etc.

Aus Security-Sicht sind anzuführen:

- (Internet-) Monitoring von Tierversuchsgegnern durch den Ermittlungsdienst, die z. B. eine Demonstration gegen den Industrieparkbetreiber planen
- Abgleich/Überprüfung von Firmen mit der Terrorliste gemäß EG-Antiterrorismusverordnung zur Erkennung und Verhinderung von verbotenen Geschäftskontakten
- technische Kameraüberwachung des Industrieparks
- Zugangskontrollen mit Dokumentenprüfgeräten
- Aufbau einer Hundestaffel

Die Vorkehrmaßnahmen haben sich in der Vergangenheit bewährt, und bedrohliche Sicherheitsvorkommnisse konnten abgewehrt werden. Zur damaligen Zeit wurden beispielsweise bei den Zugangskontrollen durch den Einsatz von Dokumentenprüfgeräten vermehrt gefälschte Identifikationsdokumente festgestellt.

Daneben wird das HRO-Kriterium *Bewertung latenter Fehler, die auf keinen Fall vorkommen dürfen* als gegeben angesehen. Sowohl der Industrieparkbetreiber als auch die ansässigen Unternehmen erstellen eine Risikomatrix, die je nach Unternehmen individuell ausfällt.

In der Pharmabranche stellen beispielsweise Gefährdungen durch die Verseuchung von Pharmaprodukten ein Krisenpotenzial dar. Nach Erfahrung der Gesprächspartner bereiten sich die Unternehmen präventiv auf verschiedene Bedrohungslagen vor. Hierzu werden Sicherheitskonzepte unter Berücksichtigung technischer, persönlicher und organisatorischer Aspekte erstellt. Im Bereich des Krisenmanagements gibt es Handbücher, in denen die Aufgaben, Funktionen und Bereitschaften der Krisenteammitglieder festgelegt werden.

Für den Industriepark stellen hingegen gewisse außergewöhnliche Ereignisse zentrale Gefährdungen dar, gegen die Vorkehrungen getroffen werden, beispielsweise:

- Terroranschläge
- Störfälle mit erheblichen Auswirkungen und Imageverlust
- Spionagefälle
- kriminelle Delikte

Abneigung gegen vereinfachende Interpretationen

Das HRO-Kriterium *Perspektivenvielfalt* drückt sich durch eine interne sowie externe Informationsgewinnung aus. Die ansässigen Unternehmen greifen neben ihren eigenen Erkenntnissen auf das Wissen des Standortbetreibers zurück und profitieren davon. Ferner agiert der Industrieparkbetreiber als Single-Point-of-Contact und vermittelt die richtigen Kontakte zwischen Behörden und Unternehmen.

Die erhobenen Informationen, z. B. über aktuelle Sicherheitsvorfälle, Informationen über Cyber-Angriffe oder Aktivitäten von Tierversuchsgegnern, werden den niedergelassenen Unternehmen im Extranet (Ergänzung des unternehmenseigenen Intranets) zur Verfügung bereitgestellt. Zudem finden zwischen dem Industrieparkbetreiber und den ansässigen Produktionsunternehmen jährlich mehrere Treffen statt, in denen alle Teilnehmer Sicherheitsproblematiken aus realen Ereignissen oder aktuelle Sicherheitserkenntnisse ansprechen. Darüber hinaus hat jedes Unternehmen die Möglichkeit, eine Bewertung der operativen Sicherheitsumsetzungen vorzunehmen. Die Gesprächspartner beurteilen das Sicherheitsniveau und gleichen die Angaben mit den zu erfüllenden Anforderungen ab. Durch diese Maßnahmen kommt das HRO-Merkmal *geteilte Informationen und Interpretationsschemata* zur Geltung.

Sensibilität für betriebliche Abläufe

Alle Produktionsunternehmen verpflichteten sich mit der Anerkennung des Standortvertrags für eine einheitliche Organisation des Krisenmanagements durch den Industrieparkbetreiber. Das HRO-Merkmal *Verantwortlichkeit der Führung* wird auf diese Weise erkennbar.

Nach Erfahrung der Gesprächspartner werden in den Unternehmen verschiedene Sicherheitskampagnen durchgeführt, die sich auf die Bereiche der Arbeitssicherheit, der Security und des Notfallmanagements erstrecken. Alle Mitarbeiterinnen und Mitarbeiter werden beispielsweise sensibilisiert, auf Besonderheiten und Abweichungen vom Normalzustand zu achten wie etwa auf unbekannte Gegenstände, verdächtige Personen oder undefinierbare auslaufende Gase bzw. Flüssigkeiten. Ergänzend werden regelmäßige Übungen (Stabsübungen, Alarmübungen) ggf. unter Einbindung der öffentlichen Gefahrenabwehr und der Unternehmensvertretung organisiert. Darüber hinaus nehmen die Unternehmen auf freiwilliger Basis Sicherheitsberatungen für verschiedene Auditierungen und Zertifizierungen (z. B. DIN EN ISO 9001 – Qualitätsmanagement), betriebliche Schulungen, Management-Trainings und Beratungsleistungen für das Notfall- und Krisenmanagement in Anspruch. All diese Maßnahmen bestätigen die Ausprägung des HRO-Merkmals *Wissens-/Informationsaustausch über Betriebsabläufe*.

Streben nach Flexibilität

Im ersten Halbjahr 2012 hat sich an einem Standort des Industrieparkbetreibers ein Brand ereignet, durch den giftige Chemikalien in einen Fluss gelangten. Im Nachgang wurde eine Ereignisanalyse durchgeführt, um künftige Vorfälle zu verhindern. Der Chemieunfall beruhte auf mehreren Ursachen, die in Zusammenarbeit mit Behörden, Gutachtern, Chemikern sowie Mitarbeiterinnen und Mitarbeitern des Chemieparkbetreibers und des betroffenen Unternehmens ermittelt wurden. Die nachträgliche Reflexion des Geschehens zeigt, dass eine *Bereitschaft, aus Fehlern zu lernen* die Regel ist. Der Vorfall und die eingeleiteten Gegenmaßnahmen wurden transparent dargelegt, was für eine *Kommunikation identifizierter Fehler* spricht. Die gewonnenen Erkenntnisse wurden den Fachabteilungen aller Unternehmen zugänglich gemacht. In gemeinsamen Gesprächen mit den ansässigen Unternehmen wurden Sicherheitsmaßnahmen erarbeitet. Verbesserungsbedarf wurde erkannt, und entsprechende Sicherheitsvorkehrungen wurden umgesetzt. Das HRO-Kriterium *Umsetzung erkannter Verbesserungen* spiegelt sich hierin wider.

Respekt vor fachlichem Wissen und Können

Das HRO-Merkmal *kurzfristige Auflösung des Hierarchieprinzips* zeigt sich darin, dass bei Schadensereignissen bis zu drei Krisenstäbe im Einsatz sind. Um schnell und flexibel auf kritische Situationen reagieren zu können, wird neben der Normalorganisation ein Krisenstab einberufen, der sämtliche strategische Entscheidungen zur Lösung der Krise trifft.

Die *Übertragung von Entscheidungsbefugnissen* ist zeichnendes HRO-Merkmal während der Krisenbewältigung. Vom Industrieparkbetreiber wird bei außergewöhnlichen Ereignissen nach Einstufung durch den Notfallmanager ein Einsatzstab gebildet. Je nach Bereitschaftsdienstliste haben verschiedene Mitarbeiterinnen und Mitarbeiter des Industrieparkbetreibers, des betroffenen Unternehmens oder anderer angesiedelter Firmen die Entscheidungsbefugnis während der Krisenintervention. Somit kann es durchaus sein, dass Krisenstabsverantwortliche auch zum Teil erhebliche Entscheidungen für andere Unternehmen treffen. Während der Einsatzstab in einem Lagezentrum übergreifende Entscheidungen trifft, nimmt die technische Einsatzleitung der Werkfeuerwehr die Führung am Schadensort wahr. Die Führung während des Einsatzes erfolgt in der Auftragstaktik, sodass alle involvierten Kräfte eigenverantwortlich handeln. Unabhängig davon rufen die Unternehmen parallel dazu einen Krisenstab ein. Jedem Krisenstab obliegen andere Aufgaben, auf die er spezialisiert ist, wodurch das HRO-Kriterium *rasches Bündeln von Fachkenntnissen* zum Ausdruck kommt. Der Einsatzstab hat primär die Funktion, den Schutz der Bevölkerung zu gewährleisten sowie die Interessen des Industrieparks und der Unternehmen zu vertreten. Im Kern übernimmt er die Feststellung des Lagebilds, die Alarmierung, das Meldewesen sowie die Information an die Medien. Die technische Einsatzleitung ergreift alle Erstmaßnahmen zur Gefahrenabwehr und koordiniert alle vor Ort agierenden Einsatzkräfte. Der Krisenstab der Unternehmen hat die Fortführung der Geschäftsprozesse zum Ziel und setzt sich je nach Bedarf aus der Geschäftsführung und den Bereichen *Recht, Kommunikation, Personal, Finanzen, Unternehmenssicherheit, Informationstechnik, Werkfeuerwehr* sowie *Arbeitsmedizinischer Dienst* zusammen.

Insgesamt spiegeln sich viele Praktiken der HRO im Krisenmanagement des Industrieparkbetreibers wider. Die Ausprägung der HRO-Praktiken wird durchgängig mit *sehr gut* bzw. *gut* bewertet. Das erste HRO-Prinzip *Konzentration auf Fehler* wurde lediglich mit der Note zwei bewertet, da sich im Gespräch keine substanziellen Anhaltspunkte für eine integrierte Früherkennung finden ließen. Es ist nicht erkennbar, wie die zugänglichen Informationen aus der Früherkennung des Industrieparkbetreibers und Erkenntnisse der Unternehmen zu einem gemeinsamen Früherkennungssystem vereint werden. Beim HRO-Merkmal *Streben nach Flexibilität* gab es Abzüge, da nicht ersichtlich ist, inwieweit eine ganzheitliche Ursachenermittlung stattfindet. Aus der nachstehenden Tabelle und Abbildung gehen die Auswertungsergebnisse hervor.

Kategorie	Merkmalsausprägung (Indikator)	Bewertung	Gesamt
Konzentration auf Fehler	Identifikation latenter Fehler	2	**2**
	Bewertung latenter Fehler, die auf keinen Fall vorkommen dürfen	2	
Abneigung gegen vereinfachende Interpretationen	Perspektivenvielfalt	1	**1**
	geteilte Informationen und Interpretationsschemata	1	
Sensibilität für betriebliche Abläufe	Verantwortlichkeit der Führung	1	**1**
	Wissens-/Informationsaustausch über Betriebsabläufe	1	
Streben nach Flexibilität	Bereitschaft, aus Fehlern zu lernen	2	**2**
	Kommunikation identifizierter Fehler	2	
	Umsetzung erkannter Verbesserungen	2	
Respekt vor fachlichem Wissen und Können	kurzfristige Auflösung des Hierarchieprinzips	1	**1**
	Übertragung von Entscheidungsbefugnissen	1	
	rasches Bündeln von Fachkenntnissen	1	

Tab. 7: Auswertung bei einem Industrieparkbetreiber (eigene Darstellung).

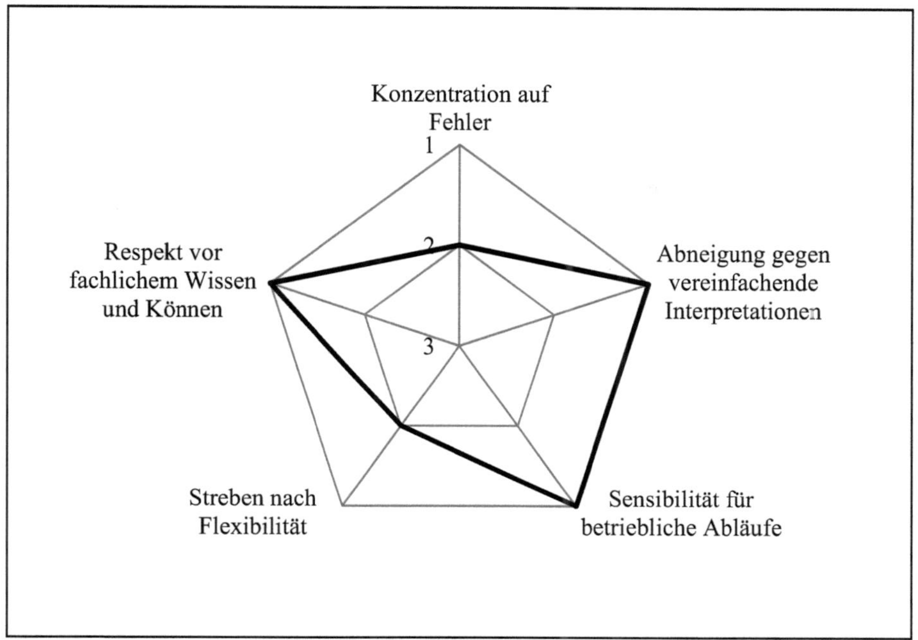

Abb. 13: HRO-Ausprägung bei einem Industrieparkbetreiber (eigene Darstellung).

7.4 Krisenmanagement im verarbeitenden Gewerbe – Unternehmen 1

Der Gesprächspartner ist Leiter der Corporate Security in einem Unternehmen des verarbeitenden Gewerbes. Das Krisen- und Notfallmanagement gehört neben den Bereichen der Site-Security, der internationalen Sicherheit, dem Informationsschutz und den Sonderdiensten (u. a. Veranstaltungssicherheit, Personenschutz, Bedrohungsmanagement) zum Aufgabengebiet der Corporate Security.

Konzentration auf Fehler

Nach Ansicht des Gesprächspartners wird für die Früherkennung ein hoher Aufwand betrieben, um krisenhafte Entwicklungen rechtzeitig zu erkennen. Die Corporate Security hat zu diesem Zweck ein Lage- und Führungszentrum, das einen Teil des Risikomanagements zentral für den Gesamtkonzern (Single-Point-of-Contact) durchführt. Das HRO-Merkmal *Identifikation latenter Fehler* ist somit Bestandteil des praktizierten Krisenmanagements.

Alle Krisenszenarien werden in Abhängigkeit von der Eintrittswahrscheinlichkeit eines Zwischenfalls und von den Auswirkungen auf das Unternehmensimage in die drei Stufen *grün*, *gelb* oder *rot* klassifiziert. Eine *Bewertung latenter Fehler, die auf keinen Fall vorkommen dürfen,* wird auf diese Art umgesetzt. Je nach eingestuftem Gefährdungspotenzial stehen die identifizierten Krisenszenarien unter besonderer Beobachtung bzw. Überwachung. Um den Umlauf von Plagiaten zu bekämpfen wird z. B. das Internet automatisch nach angebotenen Unternehmensprodukten durchsucht, die unter Preis verkauft werden. Über diese Recherche können gefälschte Produkte aufgespürt werden, die daraufhin rechtzeitig aus dem Verkehr gezogen werden.

Abneigung gegen vereinfachende Interpretationen

Innerhalb des Unternehmens werden verschiedene Informationen erhoben, um potenzielle Krisen frühzeitig zu identifizieren. Das HRO-Merkmal *Perspektivenvielfalt* kommt durch mehrere Maßnahmen zum Tragen. Zum einen ist das Krisenmanagement fachübergreifend organisiert, wobei jede Abteilung feste Ansprechpersonen für das Krisenmanagement-Team benennt. Weiterhin stellt das Frühbeobachtungssystem des Lagezentrums eine Informationsquelle dar. Die Identifizierung potenzieller Risiken erfolgt über automatisierte Systeme mittels festgelegter Schlagwortsuche. Bei sich anbahnenden Krisen bzw. außergewöhnlichen Situationen werden zur frühzeitigen Intervention Projektteams gebildet, die zur Beurteilung der Lage weitere Informationen sammeln. Eine Pandemie ist z. B. ein klassisches Szenario, bei dem ein Projektteam eingesetzt wird. Aber auch unmittelbar nach einer Krise werden Projektteams gebildet. Nachdem der Krisenstab seine Arbeit verrichtet hat, wird die Lage weiterhin stetig beobachtet und bewertet. Bei der Fukushima-Krise wurde beispielsweise der rund um die Uhr betriebene Krisenstab nach den ersten drei Wochen des Ereignisses durch ein Projektteam ersetzt, das weitere zwölf Monate im Einsatz war.

Weitere Sicherheitsinformationen werden über staatliche Einrichtungen der vom Bundeskriminalamt (BKA) entwickelten zentralen Kommunikationsplattform *Single-Point-of-Contact* (SPOC), über regelmäßige Sicherheitskonferenzen, Netzwerke zu anderen Unternehmen sowie eine Mitarbeiter- und Kundenhotline zur Meldung von Auffälligkeiten gewonnen. Anhand der erhaltenen Meldungen und selbst gewonnener Informationen werden durch die Corporate Security oder andere Fachabteilungen regelmäßige Risikoberichte für den Vorstand, die Fachabteilungen oder die Geschäftsbereichsführungen erstellt. In monatlich stattfindenden Risiko-Sitzungen wird zwischen den beteiligten Fachbereichen die aktuelle Bedrohungslage beraten, und es wird gegebenenfalls eine Anpassung der Szenarien vorgenommen. Über dieses Vorgehen werden alle erhobenen Informationen gegenseitig zur Verfügung gestellt, was für das HRO-Merkmal *geteilte Informationen und Interpretationsschemata* spricht.

Sensibilität für betriebliche Abläufe

Das Unternehmen hat Maßnahmen getroffen, um Mitarbeiterinnen und Mitarbeiter im Rahmen des Krisenmanagements zu sensibilisieren. Im Unternehmen gibt es eine vom Vorstand verabschiedete Policy zum Krisenmanagement, in der weltweit einheitliche Standards für alle Standorte, Regionen und Divisionen festgelegt und verbindlich beschrieben werden. Das Bekenntnis des Vorstandes zur Etablierung eines konzernweiten Krisenmanagements bestätigt das HRO-Merkmal *Verantwortlichkeit der Führung*.

Neben der Verantwortlichkeit der Führung führen weitere Praktiken zu einer Sensibilisierung der Mitarbeiterinnen und Mitarbeiter, die einen aktiven *Wissens- und Informationsaustausch* fördern. In der Policy zum Krisenmanagement werden Vorgaben für die Aus- und Fortbildung der Krisenteammitglieder beschlossen. Je nach Krisenszenario gibt es geschultes Personal, und jeder Fachbereich verfügt über Trainerinnen und Trainer, die zugleich Mitglieder des Krisenteams sind. Zudem werden modulare Schulungen, regelmäßige Krisenübungen in Form von Krisensimulationen, Kooperations- und Alarmierungsübungen durchgeführt. Darüber hinaus verfügt das Unternehmen über eine interne Plattform, über die Probleme und alltägliche Aufgaben offen thematisiert werden können. Diese Kommunikationsplattform zeichnet sich laut dem Gesprächspartner durch einen unzensierten und hierarchieunabhängigen Informationsaustausch zwischen den Mitarbeiterinnen bzw. Mitarbeitern und der Geschäftsführung aus.

Streben nach Flexibilität

Das Unternehmen ist sehr offen im Umgang mit Fehlern; eine *Bereitschaft, aus Fehlern zu lernen,* ist daher zu erkennen. Die Fukushima-Krise zeigt, dass die Krisenbewältigung in der Nachbereitung reflektiert und Probleme angesprochen wurden. Eine Grundlage bildet die Dokumentation aller Informationen und Entscheidungen im Einsatztagebuch, die zur Einschätzung mit herangezogen werden.

Eine *Kommunikation identifizierter Fehler* wird durch die unzensierte und hierarchieunabhängige Kommunikationsplattform begünstigt. Erkannte Defizite werden in Form von Lessons Learned transparent dargelegt. Zu Schulungs- und Informationszwecken wurde beispielsweise eine Power-Point-Präsentation zum Fukushima-Krisenmanagement erstellt.

Die Chance zur Optimierung des Krisenmanagements wurde durch Einleitung entsprechender Gegenmaßnahmen genutzt, wodurch das HRO-Kriterium *Umsetzung erkannter Verbesserungen* zur Geltung kommt.

Respekt vor fachlichem Wissen und Können
Eine *kurzfristige Auflösung des Hierarchieprinzips* ist während der Krisenintervention gängige Praxis. Das Krisenmanagement ist auf den vier Unternehmensebenen des *Konzerns*, der *Regionen*, der *Divisionen* sowie auf der *lokalen Ebene* etabliert. Bei der Fukushima-Krise wurde knapp zwei Stunden nach Informationserlangung eine rund um die Uhr tagende Stabsorganisation für die Dauer von drei Wochen gebildet. Hierbei waren sowohl ein Konzern- als auch ein regionaler Krisenstab im Einsatz.

Eine *Übertragung von Entscheidungsbefugnissen* an die jeweils kleinste organisatorische Ebene ist im Verlauf der Krisenbewältigung charakteristisch. Grundsätzlich wird das Krisenmanagement je nach Art und Umfang der Krise von den betroffenen Divisionen, regionalen oder lokalen Standorten gesteuert. Die dezentrale Regelung berücksichtigt das höhere Sachwissen über örtliche Gegebenheiten oder produktspezifische Probleme. Eine zentrale Steuerung durch die Corporate Security erfolgt lediglich bei komplexen Sicherheitslagen wie beispielsweise der Fukushima-Krise.

Ein *rasches Bündeln von Fachkenntnissen* wird durch organisatorische Vorbereitungsmaßnahmen unterstützt. Über technische Massenalarmierungssysteme wird eine schnelle Einsatzfähigkeit des Krisenteams sichergestellt. Durch vorab definierte Erreichbarkeiten und Alarmierungswege im Krisenhandbuch wird die Einberufung eines Ad-hoc-Krisenstabs begünstigt. Während der Fukushima-Krise wurden verschiedene Experteninnen und Experten in das Krisenteam eingebunden. In das Corporate-Emergency-Response-Team des Konzernkrisenstabs waren insgesamt über 30 Mitarbeiterinnen und Mitarbeiter involviert; Angehörige u. a. aus den Fachabteilungen *Personal, Unternehmenskommunikation, Site-Security, Reisesicherheit, Lo-*

gistik, Einkauf, Qualitätssicherung und *Produktionssteuerung* haben zu einem reibungslosen Ablauf beigetragen.

Zusammenfassend lässt sich festhalten, dass das betrachtete Unternehmen sowohl im aktiven als auch reaktiven Krisenmanagement sehr gut bis gut aufgestellt ist. Lediglich das HRO-Merkmal *Streben nach Flexibilität* wurde mit der Note *zwei* beurteilt, da keine Bestätigung für eine ganzheitliche Ursachenermittlung vorliegt. Die folgenden Übersichten geben einen Überblick über die Bewertung und Ausprägung der HRO-Faktoren.

Kategorie	**Merkmalsausprägung (Indikator)**	**Bewertung**	**Gesamt**
Konzentration auf Fehler	Identifikation latenter Fehler	1	**1**
	Bewertung latenter Fehler, die auf keinen Fall vorkommen dürfen	1	
Abneigung gegen vereinfachende Interpretationen	Perspektivenvielfalt	1	**1**
	geteilte Informationen und Interpretationsschemata	1	
Sensibilität für betriebliche Abläufe	Verantwortlichkeit der Führung	1	**1**
	Wissens-/Informationsaustausch über Betriebsabläufe	1	
Streben nach Flexibilität	Bereitschaft, aus Fehlern zu lernen	2	**2**
	Kommunikation identifizierter Fehler	2	
	Umsetzung erkannter Verbesserungen	2	
Respekt vor fachlichem Wissen und Können	kurzfristige Auflösung des Hierarchieprinzips	1	**1**
	Übertragung von Entscheidungsbefugnissen	1	
	rasches Bündeln von Fachkenntnissen	1	

Tab. 8: Auswertung im verarbeitenden Gewerbe – Unternehmen 1 (eigene Darstellung).

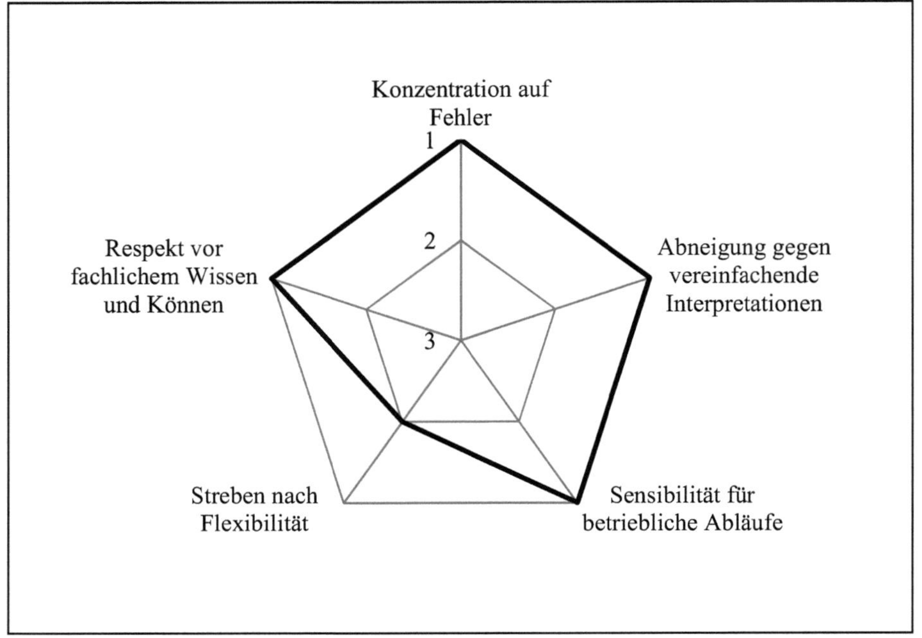

Abb. 14: HRO-Ausprägung im verarbeitenden Gewerbe – Unternehmen 1 (eigene Darstellung).

7.5 Krisenmanagement im verarbeitenden Gewerbe – Unternehmen 2

Der Gesprächspartner ist als Leiter der Werksfeuerwehr und Site-Security für die Sicherheit von zwei produzierenden Werken eines internationalen Konzerns verantwortlich. Im Rahmen dieser Tätigkeit obliegt ihm u. a. die Umsetzung der allgemein festgelegten Standards des Notfall- und Krisenmanagements.

Konzentration auf Fehler

Im Unternehmen werden verschiedene Maßnahmen zur Früherkennung potenzieller Krisen getroffen, wodurch sich das HRO-Merkmal *Identifikation latenter Fehler* ausdrückt. Derartige Krisen können in den unterschiedlichsten Geschäftsprozessen auftreten. Aus diesem Grund ist die Früherkennung dezentral in verschiedenen Fachbereichen angesiedelt.

In der Corporate Security wurde ein Rapid-Incident-Reporting-System (RIRS) eingerichtet, über das weltweit von allen Standorten aus verschiedene Vorfälle wie

Entführungen, Sabotage, Bedrohungen, Produktfälschungen, Naturkatastrophen, Arbeitsunfälle, Freisetzung von Stoffen oder Kriminalität gegen die Mitarbeiterinnen und Mitarbeiter zu melden sind. Je nach Schweregrad des Ereignisses sind diese von den Mitarbeitenden innerhalb einer bestimmten Frist in das System einzugeben. Dabei werden die Ereignisse in zwei Stufen unterschieden: schwere Ereignisse, die innerhalb von sechs Stunden und weniger bedeutsame Ereignisse, die innerhalb von 24 Stunden zu melden sind. Alle Meldungen gelangen über dieses System zum Unternehmenshauptsitz an die Sicherheitsleitstelle, die rund um die Uhr an 365 Tagen im Jahr erreichbar ist. Zum einen ermöglicht das Reporting-System eine schnelle Reaktion auf die jeweilige Ereignisbewältigung. Zum anderen können anhand dieser Meldungen ähnliche gelagerte Vorfälle im Ansatz rechtzeitig verhindert werden. Durch das systematische Berichtsverfahren werden Fehler und Ursachen leichter identifiziert und Systemschwächen aufgezeigt. Bei allen eingehenden Meldungen werden die Ursachen zentral ausgewertet, und bei Bedarf wird durch entsprechende Maßnahmen gegengelenkt. Bei Unfällen mit Chemikalien werden beispielsweise andere potenziell betroffene Niederlassungen über Vorsorgemaßnahmen informiert, sodass vergleichbare Probleme dort erst gar nicht auftreten.

Ein weiteres Frühwarnsystem ist im Unternehmensbereich Chemie vorzufinden. Hier ist ein Alert-System über alle ungewöhnlichen Vorkommnisse im Zusammenhang mit Produkten etabliert, über das Vorfälle sofort intern weitergeleitet und bewertet werden. In der Abteilung *Unternehmenskommunikation* werden über ein Issue-Monitoring relevante Einträge im Internet, aber auch Artikel in Fachzeitschriften überwacht, die eine potenzielle Krise hervorrufen könnten. Darüber hinaus werden frühzeitige Maßnahmen gegen potenzielle Naturkatastrophen getroffen. Mithilfe einer Szenarioanalyse wurden in Zusammenarbeit mit einem Ingenieurbüro der Hochwasserstand in der Region und die Auswirkungen bei einem Wasserdammbruch simuliert.

Eine *Bewertung latenter Fehler, die auf keinen Fall vorkommen dürfen,* ist gängige Praxis. Für das Unternehmen sind insbesondere folgende Beeinträchtigungen von zentraler Bedeutung, die es zu verhindern gilt:

- von außen herbeigeführte Einwirkungen auf die Aufrechterhaltung der Geschäftsprozesse, wie z. B. Angriffe auf die Produktionsanlagen durch Manipulation von IT-Systemen oder durch militante Tierschutzaktivisten

- betriebsbedingte Störfälle, die einen lang anhaltenden Produktionsausfall zur Folge haben
- Produktrückrufe durch Qualitätsprobleme

Sowohl über die Reporting-Systeme als auch über die Szenarioanalyse werden außergewöhnliche Ereignisse erfasst, die unter Beobachtung stehen und einer Gefährdungsbeurteilung unterzogen werden.

Abneigung gegen vereinfachende Interpretationen
Verschiedene Maßnahmen wirken sich auf ein umfassendes Sicherheitslagebild aus und bringen das HRO-Merkmal *Perspektivenvielfalt* zum Ausdruck. Als interne Informationsquellen stehen die zuvor genannten Reporting-Systeme zur Verfügung, durch die internes Mitarbeiterwissen über Sicherheitsvorkommnisse generiert wird. Bei der Gewinnung externer Informationen spielt die Vernetzung eine große Rolle. Im Kampf gegen Produktfälschungen werden durch eigene Recherchen und durch die internationale Zusammenarbeit mit Behörden Informationen von außerhalb erhoben. Zudem existiert zwischen den etwa 25 führenden forschenden Konzernen desselben Wirtschaftssektors ein übergreifendes Netzwerk zur gegenseitigen Unterstützung und zum Informationsaustausch. Weitere Sicherheitsinformationen werden über Wirtschaftsverbände und den SPOC des BKA erhoben.

Die gewonnenen Sicherheitsinformationen werden ausgetauscht und an den jeweiligen Adressatenkreis weitergegeben. Das Sicherheitspersonal wird z. B. bei Aktivitäten von Tierschutzaktivistinnen bzw. -aktivisten umgehend informiert und sensibilisiert. Zudem nimmt jede Niederlassung einmal pro Jahr eine Selbsteinschätzung zur Umsetzung der Security-Standards vor. Diese Maßnahmen deuten auf das HRO-Kriterium *geteilte Informationen und Interpretationsschema* hin.

Sensibilität für betriebliche Abläufe
Zur Förderung des Sicherheitsbewusstseins und der Eigenverantwortlichkeit der Mitarbeiterinnen und Mitarbeiter tragen verschiedene Aktivitäten im Unternehmen bei. Durch diese Maßnahmen zeigt sich die *Verantwortlichkeit der Führung*. Unter anderen gibt es seit dem Jahr 2010 ein fortschreitendes Awareness-Programm, das weltweit an allen Standorten unter Berücksichtigung lokaler Besonderheiten implementiert ist. Des Weiteren hat sich das Unternehmen den Responsible-Care-Prinzipien und auch der Responsible-Care-Global-Charter verpflichtet. Die schrift-

lich fixierten Richtlinien zielen u. a. darauf ab, sich in den Bereichen der Security, Produktsicherheit und Anlagensicherheit kontinuierlich zu verbessern. Alle Leitlinien gelten auf freiwilliger Basis und gehen weit über die Einhaltung gesetzlicher Vorschriften hinaus. Die Umsetzung der Responsible-Care-Prinzipien erfolgt durch verschiedene interne Regelwerken, wie z. B. die Health-Safety-Environment-Policy oder die Corporate-Security-Policy. In diesen Richtlinien werden alle Aufgaben und Ziele festgelegt. Die wesentlichen Ziele sind der Schutz der Mitarbeiterinnen und Mitarbeiter, der intellektuellen und materiellen Werte und der Reputation. Dabei wird die Corporate Security als ein integraler Bestandteil bei der alltäglichen Arbeit wahrgenommen.

Weiterhin werden Vorkehrungen im Rahmen des HRO-Kriteriums *Wissens- und Informationsaustausch über Betriebsabläufe* getroffen. Regelmäßige Auditierungen dienen der Ermittlung von Optimierungspotenzialen. Jährlich findet in der Corporate Security eine zweitägige Auditierung über die Umsetzung der Qualitätsstandards der Standorte statt. Darüber hinaus gibt es spezielle Schulungsprogramme und Übungen, wie z. B. Kurse zur Erkennung von Produktfälschungen. Für die Mitglieder des Krisenteams sind mehrere Alarmierungsübungen Standard. In der Sicherheitsleitstelle werden zur Sicherstellung und zum Nachweis der Prozessqualität unangekündigte Testanrufe aus der ganzen Welt getätigt. Zusätzlich werden zweimal jährlich Störfallszenarien trainiert. Neben diesen zeitintensiven Trainingsmaßnahmen werden pro Jahr mehrere halbstündige Räumungsübungen mit kurzzeitigem Herunterfahren der Produktionsanlagen durchgeführt. Für das Management sind spezielle Trainingsmaßnahmen vorgesehen, wie z. B. die Besprechung eines Produktrückrufs.

Streben nach Flexibilität

Das HRO-Merkmal *Bereitschaft, aus Fehlern zu lernen* ist ein fester Bestandteil in dem untersuchten Unternehmen. In der Nachbereitungsphase werden Arbeitsgruppen unter Einbindung verschiedener Fachabteilungen gebildet, die das Ereignis intern mit einer standardisierten Methode auswerten und nach Ursachen forschen. Mittels eines Fehlererfassungssystems werden Vorfälle systematisch aus allen Blickwinkeln betrachtet, um so technische, bauliche sowie organisatorische Fehlerquellen bzw. Mängel zu identifizieren.

Über das RIRS (Rapid-Incident-Reporting-System) werden alle eingehenden Meldungen zentral erfasst und ausgewertet. Dieses Verfahren erleichtert das Erkennen von Zusammenhängen sowie eine schnelle Kommunikation und Verbreitung erkannter Mängel. Das HRO-Kriterium *Kommunikation identifizierter Fehler* ist im Unternehmen daher fest verankert. Bei Unfällen mit Chemikalien beispielsweise werden andere potenziell betroffene Niederlassungen über Vorsorgemaßnahmen informiert, sodass vergleichbare Probleme nicht auftreten.

Nach der Identifikation und Kommunikation des Verbesserungspotenzials werden zur Verhinderung ähnlicher Ereignisse Gegenmaßnahmen eingeleitet. Damit wird dem Prinzip *Umsetzung erkannter Verbesserungen* Rechnung getragen. Da die Ursachenermittlung in mehrere Richtungen erfolgt und systematisch aufbereitet wird, können umfassende Gegenmaßnahmen getroffen werden.

Respekt vor fachlichem Wissen und Können

Während der Krisenbewältigung ist eine *kurzfristige Auflösung des Hierarchieprinzips* charakteristisch. Die Zusammensetzung der Krisenstäbe ist variabel und bestimmt sich nach dem jeweiligen Ereignis. Je nach Sachlage werden verschiedene Expertinnen und Experten hinzugezogen, wobei alle Positionen nach Kompetenz und nicht notwendigerweise hierarchisch besetzt werden. Für ein erfolgreiches Krisenmanagement nimmt zudem der Umgang mit den Medien einen hohen Stellenwert ein. Da viele Vorfälle erst durch die Medien zu einer kommunikativen Krise führen, gibt es im Unternehmen einen Krisenstab für Kommunikation. Dieser trägt zur Entlastung der Werkeinsatzleitung bei und setzt alle Maßnahmen im Sinne der festgelegten Medienstrategie um.

Das Krisenmanagement ist auf zwei Unternehmensebenen etabliert, sowohl auf der *Konzernebene* als auch auf der l*okalen Ebene*. Bei einer lokalen Standortkrise wird ein Krisenteam bestehend aus der Werkeinsatzleitung, der technischen Einsatzleitung und einem Krisenstab für Kommunikation gebildet. Durch die zweistufige Organisation des Krisenmanagements auf Konzern- und lokaler Ebene wird sichergestellt, dass diejenige Ebene sich der Krisenbewältigung annimmt, die die meiste fachliche und örtliche Expertise aufweist. Entscheidungsbefugnisse werden an die unterste Ebene delegiert, was für das HRO-Merkmal *Übertragung von Entscheidungsbefugnissen* spricht.

Die schnelle Bildung eines Krisenteams wird durch eine rund um die Uhr erreichbare Rufbereitschaft, über technische Alarmierungssysteme sowie durch das RIRS gewährleistet. Besonders schwerwiegende Ereignisse sind innerhalb von sechs Stunden an die Sicherheitsleitstelle des Unternehmenshauptsitzes zu melden. Dieses Verfahren ermöglicht eine schnelle Reaktion auf das jeweilige Ereignis. Dadurch wird das HRO-Merkmal *rasches Bündeln von Fachkenntnissen* deutlich.

Insgesamt ist das Unternehmen im Rahmen des aktiven und reaktiven Krisenmanagements sehr gut bis gut aufgestellt. Aufgrund der dezentralen Regelung der Früherkennung wurde das Kriterium *Konzentration auf Fehler* etwas negativer beurteilt. Der HRO-Indikator *geteilte Informationen und Interpretationsschema* wurde etwas geringer bewertet, da sich aus dem Interview keine Hinweise auf Kommunikationsplattformen ergaben. Die Bewertung und die Ausprägung der HRO-Prinzipien ist der nachstehenden Tabelle und Grafik zu entnehmen.

Kategorie	Merkmalsausprägung (Indikator)	Bewertung	Gesamt
Konzentration auf Fehler	Identifikation latenter Fehler	2	**2**
	Bewertung latenter Fehler, die auf keinen Fall vorkommen dürfen	2	
Abneigung gegen vereinfachende Interpretationen	Perspektivenvielfalt	1	**1,5**
	geteilte Informationen und Interpretationsschemata	2	
Sensibilität für betriebliche Abläufe	Verantwortlichkeit der Führung	1	**1**
	Wissens-/Informationsaustausch über Betriebsabläufe	1	
Streben nach Flexibilität	Bereitschaft, aus Fehlern zu lernen	1	**1**
	Kommunikation identifizierter Fehler	1	
	Umsetzung erkannter Verbesserungen	1	

Kategorie	Merkmalsausprägung (Indikator)	Bewertung	Gesamt
Respekt vor fachlichem Wissen und Können	kurzfristige Auflösung des Hierarchieprinzips	1	**1**
	Übertragung von Entscheidungsbefugnissen	1	
	rasches Bündeln von Fachkenntnissen	1	

Tab. 9: Auswertung im verarbeitenden Gewerbe – Unternehmen 2 (eigene Darstellung).

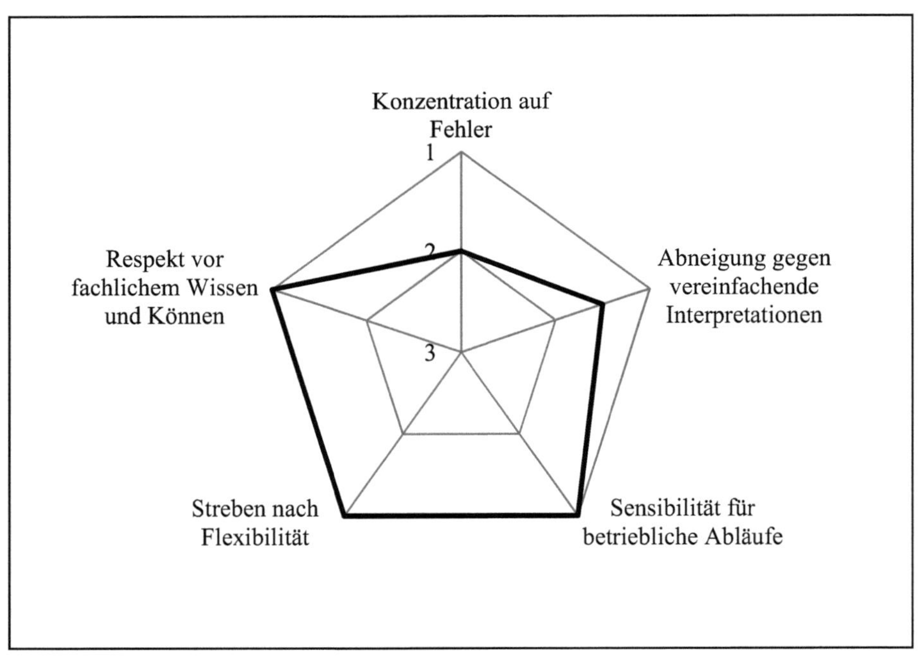

Abb. 15: HRO-Ausprägung im verarbeitenden Gewerbe – Unternehmen 2 (eigene Darstellung).

7.6 Krisenmanagement im verarbeitenden Gewerbe – Unternehmen 3

Der Gesprächspartner ist für die konzernweite Implementierung des Business-Continuity-Managements zuständig und berät und unterstützt die Organisationseinheiten des Unternehmens bei deren Umsetzungsverfahren.

Konzentration auf Fehler

Zum Zeitpunkt des Interviews befanden sich einige Regelungen noch in der Umsetzungsphase, und entsprechende Früherkennungsmethoden waren nicht etabliert. Die Wahrnehmung schwacher Signale basiert eher auf zufälligen Feststellungen wie etwa durch Kundenanfragen oder individuelle Recherchen. In bestimmten Bereichen ist die Einführung von Frühwarnsystemen in Planung. Die Einkaufs- und Logistikabteilung organisierte z. B. mit anderen Unternehmen den Aufbau eines Supply-Chain-Monitorings, um kritische Liefersituationen früher zu erkennen. Die Ausprägung des HRO-Merkmals *Identifikation latenter Fehler* wurde aus diesen Gründen als verbesserungswürdig bewertet.

Für das Unternehmen sind folgende Auswirkungen von zentraler Bedeutung, gegen die präventive Vorkehrungen zu treffen sind:

- Brände/Explosionen
- Naturgewalt
- Verletzung/Erkrankung/Unfall mit und ohne Personenschaden
- Umweltereignisse (Umwelteinflüsse/Kontamination/Emission)
- Ausfall der Infrastruktur
- externe Ereignisse mit oder ohne Auswirkungen auf das Unternehmen, z. B. Zuliefererausfall durch ein Schadensereignis oder eine Pandemie
- Verbrechen und andere kriminelle Ereignisse

Aus diesem Grund haben alle Standorte, an denen solche Ereignisse nicht auszuschließen sind, die verbindlichen Regelungen der Gefahrenabwehr sowie Notfall- und Wiederanlaufplanung umzusetzen. Im Rahmen des Business-Continuity-Managements (BCM) werden relevante Ereignisarten hinsichtlich potenzieller Gefährdungen und Risiken unter Berücksichtigung eines eventuellen Unternehmensschadens bewertet. Um negative Auswirkungen im Ereignisfall zu begrenzen, sind vorab Alarm- und Maßnahmenpläne zu erstellen. Einer *Bewertung latenter Fehler, die auf keinen Fall vorkommen dürfen,* wird damit Rechnung getragen.

Abneigung gegen vereinfachende Interpretationen

Die Informationsgewinnung beruht zum Großteil auf Eigeninitiative. Das HRO-Merkmal *Perspektivenvielfalt* ist damit von untergeordneter Rolle. Im Bereich des Supply-Chain-Managements wurde die Bedeutung einer brancheninternen Vernetzung mit anderen Unternehmen jedoch erkannt. Das Unternehmen ist seit mehreren Jahren Mitglied einer unternehmensübergreifenden Plattform. Über dieses Netzwerk wird unter anderem ein Frühwarnsystem bereitgestellt. So ist zum Beispiel das Frühwarnsystem des Supply-Chain-Monitorings eine Entwicklung dieses Netzwerkes, die in dem Unternehmen zum Einsatz kommen soll.

Im Unternehmen existierten viele Vorschriften und Regelungen, die einen klaren Überblick erschweren. Ein Informationsaustausch zwischen den verschiedenen Organisationsstellen ist nicht die Regel. Das HRO-Merkmal *geteilte Informationen und Interpretationsschemata* ist daher hier nicht von Bedeutung.

Sensibilität für betriebliche Abläufe

Die *Verantwortlichkeit der Führung* äußert sich in der vor über einem Jahr von der Geschäftsführung eingeführten verbindlichen Norm zum BCM, in der weltweit einheitliche Standards vorgegeben werden. Jeder Disziplinar- und Zielverantwortliche einer Organisationsstelle ist für die Erhaltung und Sensibilisierung des Verantwortungsbewusstseins der Mitarbeiterinnen und Mitarbeiter und für deren Beteiligung an Notfallübungen zuständig.

In Abstimmung mit den zuständigen Fachorganisationen sind regelmäßige Schulungen durchzuführen, die zu einem *Wissens-/Informationsaustausch über Betriebsabläufe* beisteuern. Auf Veranlassung der jeweiligen Standortverantwortlichen ist die Planung, Organisation und Umsetzung aller Sensibilisierungsmaßnahmen sicherzustellen. Bisherige Übungsmaßnahmen wurden nicht flächendeckend durchgeführt, da sich das BCM-Konzept zum Zeitpunkt des Interviews noch in der Umsetzungsphase befand.

Streben nach Flexibilität

Das Unternehmen war von den schweren Erdbeben in Japan im März 2011 betroffen, das direkte Auswirkungen auf die Sicherstellung der Geschäftsprozesse hatte. Zu diesem Zeitpunkt befanden sich zahlreiche Expatriates mit ihren Familien in Japan. Für solche Ereignisse sind die Informations- und Kommunikationswege festgelegt. Dabei tragen alle Mitarbeiterinnen und Mitarbeiter die Verantwortung, entsprechende Erkenntnisse sofort den zuständigen Stellen mitzuteilen. Die Meldekriterien sind zwar anhand definierter Parameter, z. B. Schaden von mehr als 250.000 Euro oder Berichterstattung in Medien, vorgegeben. Dennoch ist jede Mitarbeiterin bzw. jeder Mitarbeiter und insbesondere jede Führungskraft gefragt, ein gewisses eigenes Gespür für meldepflichtige Ereignisse zu entwickeln. Nach Bekanntwerden des Fukushima-Ereignisses wurde ein sofortiger Reisestopp für alle Mitarbeiterinnen und Mitarbeiter ausgesprochen und per E-Mail an alle Geschäftsbereiche kommuniziert. Zudem wurde von der Logistikabteilung ein Konzept erstellt und umgesetzt, dass dafür sorgte, dass keine kontaminierten Waren an die Kunden ausgeliefert wurden. Der Aufwand hierfür war sehr groß, da alle importierten Waren neben den behördlichen Messungen weltweit einer zusätzlichen Strahlenmessung unterzogen wurden.

Aus den Ereignissen in Fukushima wurde dazugelernt. Der regionale Krisenstab hat Verbesserungsmaßnahmen erarbeitet und gemeinsam mit dem Zentralkrisenstab herausgegeben. Verbesserungspotenzial wurde erkannt, und entsprechende Gegenmaßnahmen wurden eingeleitet. Die Grundlage für die durchgeführte Ursachenanalyse bildete eine umfassende Dokumentation. Alle Krisenstabstätigkeiten wurden protokolliert und in einem Excel-Protokoll in Form einer Offene-Punkte-Liste zugänglich gemacht. Zudem wurde der gesamte E-Mail-Schriftverkehr in einem elektronischen Ordner archiviert. In der Nachbereitung wurden alle eingetretenen Schadensereignisse einer systematischen Aufarbeitung unterzogen. Bei dieser Ursachenanalyse, die weit über die Behandlung von Symptomen hinausgeht, werden die eigentlichen Ursachen von Fehlern bzw. Problemen identifiziert. Eine hohe *Bereitschaft, aus Fehlern zu lernen,* ist daher erkennbar.

Mittels Lessons Learned wurden identifizierte Verbesserungen an die jeweiligen Adressaten publiziert. Die Notwendigkeit einer *Kommunikation identifizierter Fehler* wurde somit erkannt. Wesentliche Erkenntnisse werden durch die jeweils zuständige Organisationsstelle in bestehende interne Vorgaben eingearbeitet und verkündet. Das HRO-Merkmal *Umsetzung erkannter Verbesserungen* wird unter anderem durch die Freigabe eines BCM-Konzepts nach der Fukushima-Krise deutlich.

Respekt vor fachlichem Wissen und Können

Das Krisenmanagement ist auf den vier Unternehmensebenen des *Konzerns, der Regionen, der Geschäftsbereiche* und auf der *lokalen Ebene* etabliert. Im Ereignisfall ändern sich die Befugnisse des normalen Geschäftsbetriebs, was eine *kurzfristige Auflösung des Hierarchieprinzips* bedeutet. Bei der Fukushima-Krise wurden

z. B. ein Zentralkrisenstab durch die Organisationsstelle Notfallmanagement sowie ein regionaler Krisenstab durch die Geschäftsleitung der Region Japan einberufen.

Während der Krisenintervention ist eine *Übertragung von Entscheidungsbefugnissen* verbreitet. Bei der Fukushima-Krise oblag die Verantwortung dem regionalen Krisenstab. Dieser war für die Planung, Organisation und Umsetzung aller örtlich notwendigen organisatorischen und technischen Notfall- und Wiederanlaufmaßnahmen zuständig.

Ein *rasches Bündeln von Fachkenntnissen* war während der Fukushima-Krise nicht umsetzbar. Die Zusammenstellung des Krisenstabs nahm einige Zeit in Anspruch, da zuvor keine verbindlichen Krisenteammitglieder festgelegt worden waren. Erst nach Eintreten des Ereignisses wurde jeder Geschäftsbereich aufgefordert, zuständige Ansprechpersonen für die Krisenbewältigung zu benennen. Im Zentralkrisenstab waren der Interviewte als Leitung sowie weitere Führungspersonen aus den Organisationsstellen *Kommunikation*, *Recht*, *Medizin*, *Kunden*, *Personal*, *Dienstleistung*, *Logistik*, *Produktion*, *Management Japan* und *Versicherungswesen* sowie zwei externe *Strahlenschutzexperten* vertreten. Darüber hinaus wurde von der Logistikabteilung eine untergeordnete Arbeitsgruppe eingerichtet, die sich mit Fragen der Lieferfähigkeit auseinandersetzte.

Insgesamt ist das Unternehmen im reaktiven Krisenmanagement besser aufgestellt als im präventiven Krisenmanagement. Besonders hervorzuheben ist die *Bereitschaft, aus negativen Erfahrungen zu lernen* und aus Krisen gestärkt hervorzugehen. Die genaue Bewertung der HRO-Merkmale ist den folgenden Übersichten zu entnehmen.

Kategorie	Merkmalsausprägung (Indikator)	Bewertung	Gesamt
Konzentration auf Fehler	Identifikation latenter Fehler	3	**2,5**
	Bewertung latenter Fehler, die auf keinen Fall vorkommen dürfen	2	
Abneigung gegen vereinfachende Interpretationen	Perspektivenvielfalt	3	**3**
	geteilte Informationen und Interpretationsschemata	3	
Sensibilität für betriebliche Abläufe	Verantwortlichkeit der Führung	2	**2,5**
	Wissens-/Informationsaustausch über Betriebsabläufe	3	
Streben nach Flexibilität	Bereitschaft, aus Fehlern zu lernen	1	**1**
	Kommunikation identifizierter Fehler	1	
	Umsetzung erkannter Verbesserungen	1	
Respekt vor fachlichem Wissen und Können	kurzfristige Auflösung des Hierarchieprinzips	1	**1,7**
	Übertragung von Entscheidungsbefugnissen	1	
	rasches Bündeln von Fachkenntnissen	3	

Tab. 10: Auswertung im verarbeitenden Gewerbe – Unternehmen 3 (eigene Darstellung).

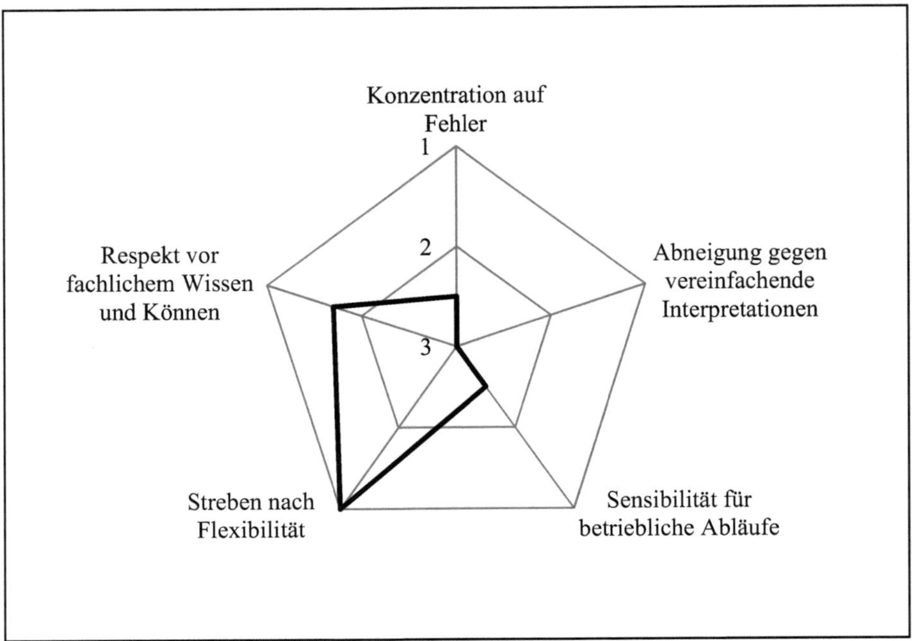

Abb. 16: HRO-Ausprägung im verarbeitenden Gewerbe – Unternehmen 3 (eigene Darstellung).

7.7 Krisenmanagement im verarbeitenden Gewerbe – Unternehmen 4

Der Gesprächspartner ist Leiter der Corporate Security eines internationalen produzierenden Unternehmens. Neben der Organisation des Krisenmanagements obliegen ihm die Bereiche Produkt- und Markenpiraterie, Reisesicherheit und -vorsorge, Know-how-Schutz (non-IT), Zusammenarbeit mit Sicherheitsbehörden (national/international), Frühwarnsysteme und Mitarbeitersicherheit.

Konzentration auf Fehler

Durch das Unternehmen werden Vorkehrungen zur Früherkennung getroffen, die dezentral in mehreren Fachbereichen wahrgenommen werden. Insbesondere stehen die folgenden Gefährdungen im Fokus der Früherkennung:

- Naturkatastrophen
- Unfälle oder Vorfälle mit lebensgefährlichen Verletzungen, Todesfolge oder erheblichen wirtschaftlichen Schäden

- Produktkrisen
- Erpressungen
- Entführungen
- Sabotage, Anschlag, Spionage
- kriminelle Delikte

Das HRO-Merkmal *Identifikation latenter Fehler* wird auf diese Weise umgesetzt. Relevante Ereignisse sind über das Frühwarnsystem an das am Unternehmenshauptsitz rund um die Uhr besetzte Response-Center weiterzugeben. Von dort aus werden die Erkenntnisse an die Verantwortlichen weitergeleitet. Durch die schnelle Kenntnisnahme sollen negative Auswirkungen begrenzt und adäquate Reaktionszeiten ermöglicht werden.

Über Produkt-Monitoring werden Fälschungen rechtzeitig festgestellt. Im Bereich der Informationstechnik werden Sicherheitslücken systematisch verfolgt, um so mögliche Angriffe früh aufzudecken. Zur Gewährleistung der Reisesicherheit hat weltweit jeder Regionsverantwortliche die Aufgabe, aktuelle Entwicklungen (z. B. Naturereignisse, politische Lage) zu beobachten, einzustufen und auszuwerten. Weitere Frühwarnsysteme sind in der Kommunikationsabteilung oder im Bereich der Compliance anzutreffen.

Im Krisenhandbuch werden alle bedrohlichen Situationen dargelegt und im Sinne des HRO-Merkmals *Bewertung latenter Fehler, die auf keinen Fall vorkommen dürfen,* beurteilt. Die Zuordnung erfolgt auf Basis von drei Stufen: *Level 1 – Außenwirkung, Level 2 – Auswirkung auf interne Geschäftsprozesse, Level 3 – nur temporärer, kurzer Peak.* Jeder Standort hat eine individuelle Beurteilung potenzieller Krisenszenarien vorzunehmen und in das Handbuch aufzunehmen. Dieser Prozess wird regelmäßig durchgeführt und an neue Bedrohungen und Geschäftsfelder angepasst.

Abneigung gegen vereinfachende Interpretationen

Zur frühzeitigen Identifizierung potenzieller Krisen werden verschiedene Informationen erhoben. Zum einen werden Informationen über die Frühwarnsysteme bereitgestellt. Zum anderen steht das Unternehmen extern mit verschiedenen Organisationen in einem Erfahrungs- und Informationsaustausch, wodurch eine *Perspektivenvielfalt* erzeugt wird. Der Interviewte nennt u. a. die folgenden Gesprächspartner:

- die Arbeitsgemeinschaft für Sicherheit der Wirtschaft
- die Vereinigung für die Sicherheit der Wirtschaft
- den Single-Point-of-Contact (SPOC) zwischen den Global Playern und dem Bundeskriminalamt
- den Verfassungsschutz
- das Zollkriminalamt
- den Fachaustausch zwischen den DAX-Unternehmen, z. B. im Bereich der IT
- die Landesbehörden
- die Auslandsbotschaften

Im Unternehmen existieren verschiedene Reporting-Systeme, die internes Mitarbeiterwissen über Sicherheitsvorkommnisse generieren. Beispielhaft zu nennen sind das Emergency-Response-System, monatliche Overviews zur Sicherheitslage der Regionen sowie Network-Berichte aus dem In- und Ausland. In den einzelnen Geschäftsregionen bestehen weltweit Security-Communities, die sich austauschen. Über die webbasierte Dokumenten-Management-Plattform *Share Point* werden Präsentationen, Vorträge und Best Practices weitergegeben. Alle Sicherheitsverantwortlichen erhalten für diese Kommunikationsplattform eine Zugangsberechtigung und können auf dieses Angebot zurückgreifen. Sämtliche Maßnahmen tragen zu dem HRO-Kriterium *geteilte Informationen und Interpretationsschemata* bei.

Sensibilität für betriebliche Abläufe

Die *Verantwortlichkeit der Führung* äußert sich unter anderem durch die vom Vorstand verabschiedete Security Policy, in der weltweit einheitliche Leitlinien vorgegeben werden. Die Policy fördert die Mitverantwortung aller Mitarbeiterinnen und Mitarbeiter.

Durch die regionalen Sicherheitsabteilungen wird die Sicherheitsphilosophie unter Berücksichtigung kultureller Unterschiede in alle Länder transportiert. Darüber hinaus begünstigen diverse Maßnahmen einen *Wissens- und Informationsaustausch über Betriebsabläufe*:

- regelmäßige Awareness-Programme in Zusammenarbeit mit der Kommunikationsabteilung
- Bereitstellen von Informationen zur Sicherheitslage und Verhaltensempfehlungen im Intranet
- Sicherheitstraining und Simulieren von Ausnahmesituationen in Risikoländern
- alle zwei Jahre Auditierungen für besonders risikoreiche Reiseländer
- stichprobenhafte Auditierungen für unbedenkliche Reiseländer
- jährliche Stabsrahmenübung für alle Krisenteammitglieder (z. B. innere Instabilität in einer Region, Naturkatastrophen, Entführungen)
- Verhaltensempfehlungen, z. B. für die Bereiche Know-how und Reisesicherheit

Streben nach Flexibilität

Das Unternehmen war von den schweren Erdbeben in Japan im März 2011 betroffen. Die Ereignisse hatten jedoch weder direkte Auswirkungen auf die Sicherheit der Expatriates noch auf die Geschäftsprozesse, da sich alle Standorte außerhalb des unmittelbaren Gefährdungsgebietes befanden. Aus diesem Grund sprach sich das Unternehmen bewusst gegen eine Evakuierung aus. Aus kulturellen Gründen und aus Verbundenheit zu den Japanern wurde eine Evakuierung abgelehnt, was die Japaner den Deutschen im Nachgang der Ereignisse hoch anrechneten. Gleichwohl wurden vorbeugende Abwehrmaßnahmen getroffen. Innerhalb einer Stunde nach Kenntnisnahme des Tsunamis wurde allen Mitarbeiterinnen und Mitarbeitern eine Reise nach Japan untersagt. Durch ein eigenes internes System konnte sofort auf die Reisedaten zurückgegriffen werden. Die Lageentwicklung wurde permanent beobachtet. In regelmäßigen vereinbarten Zeitabständen wurde per Telefonkonferenzen der Kontakt zu den Lokalverantwortlichen gesucht. Alle Entscheidungen und Maßnahmen einschließlich der Lageentwicklung wurden stichpunktartig in einem Word-Dokument dokumentiert. Dieses bildete die Grundlage für einen anschließenden Reflexionsprozess. Im Rahmen gemeinsamer Sitzungen wurden alle Probleme offen angesprochen, was für eine *Bereitschaft, aus Fehlern zu lernen,* spricht.

Während der Nachbereitung von Ereignissen wurden Chancen zur Optimierung erkannt und dem entsprechenden Adressatenkreis transparent aufgezeigt. Nach Fukushima wurden konkrete Gegenmaßnahmen eingeleitet: Es fand eine Prüfung zur Einführung eines automatischen elektronischen Alarmierungssystems statt. Zudem wurden Informationsautomatismen etabliert, damit nur diejenigen Personen über aktuelle Entwicklungen in Kenntnis gesetzt werden, die tatsächlichen Bedarf haben. Dadurch werden die Mitarbeitenden entlastet, da nicht zu viele Entscheidungsträger gleichzeitig zu informieren sind. Eine *Kommunikation identifizierter Fehler* sowie die *Umsetzung erkannter Verbesserungen* sind somit gängige Praxis.

Respekt vor fachlichem Wissen und Können

Die Krisenbewältigung erfolgt je nach Schadensausmaß entweder durch die Konzernzentrale oder die lokalen Standortverantwortlichen und impliziert eine *kurzfristige Auflösung des Hierarchieprinzips*. Alle Ereignisse mit zu erwartender Außenwirkung (Level 1) werden durch den Konzernkrisenstab bearbeitet, Vorkommnisse mit Auswirkungen auf interne Geschäftsprozesse (Level 2) liegen hingegen im Zuständigkeitsbereich der Lokalverantwortlichen. Bei der Fukushima-Krise wurde beispielsweise ein Krisenstab auf Konzern- und auf lokaler Ebene für die Dauer von fünf Tagen gebildet.

Dem Krisenstab obliegt für die Dauer der Krise die gesamte Entscheidungsbefugnis. Gegenüber den Lokalverantwortlichen gibt der Konzern strategische Entscheidungen vor. Bei der Umsetzung der Entscheidung ist der lokale Krisenstab weitgehend frei und kann flexibel auf sich verändernde Lagesituationen reagieren. Dieser Aspekt belegt eine *Übertragung von Entscheidungsbefugnissen*. Bei der Fukushima-Krise wurden alle strategischen Entscheidungen im gegenseitigen Einvernehmen getroffen. Eine starre bzw. feste Hierarchie wurde nicht beibehalten, die Entscheidungsfindung beruhte vielmehr auf einem gemeinsamen und partizipativen Meinungsaustausch.

Der lokale Krisenstab, vertreten durch die Bereiche *Recht, Finanzen, Kommunikation* und *Sicherheit*, wurde per Telefonkette einberufen. Ein *rasches Bündeln von Fachkenntnissen* wurde hierbei erschwert, da aufgrund dieses Alarmierungsverfahrens nicht alle Krisenstabsmitglieder sofort erreicht werden konnten.

Zusammenfassend ist das Krisenmanagement im Unternehmen durchgängig als sehr gut bzw. gut zu bewerten. Verbesserungsbedarf besteht in einer ganzheitlichen strategischen Früherkennung, einer systematischen Ursachenermittlung sowie hinsichtlich einer schnellen Einberufung der Krisenstäbe. Die folgende Tabelle und Abbildung zeigen das Gesamtergebnis.

Kategorie	Merkmalsausprägung (Indikator)	Bewertung	Gesamt
Konzentration auf Fehler	Identifikation latenter Fehler	2	**2**
	Bewertung latenter Fehler, die auf keinen Fall vorkommen dürfen	2	
Abneigung gegen vereinfachende Interpretationen	Perspektivenvielfalt	1	**1**
	geteilte Informationen und Interpretationsschemata	1	
Sensibilität für betriebliche Abläufe	Verantwortlichkeit der Führung	1	**1**
	Wissens-/Informationsaustausch über Betriebsabläufe	1	
Streben nach Flexibilität	Bereitschaft, aus Fehlern zu lernen	2	**2**
	Kommunikation identifizierter Fehler	2	
	Umsetzung erkannter Verbesserungen	2	
Respekt vor fachlichem Wissen und Können	kurzfristige Auflösung des Hierarchieprinzips	1	**1,3**
	Übertragung von Entscheidungsbefugnissen	1	
	rasches Bündeln von Fachkenntnissen	2	

Tab. 11: Auswertung im verarbeitenden Gewerbe – Unternehmen 4 (eigene Darstellung).

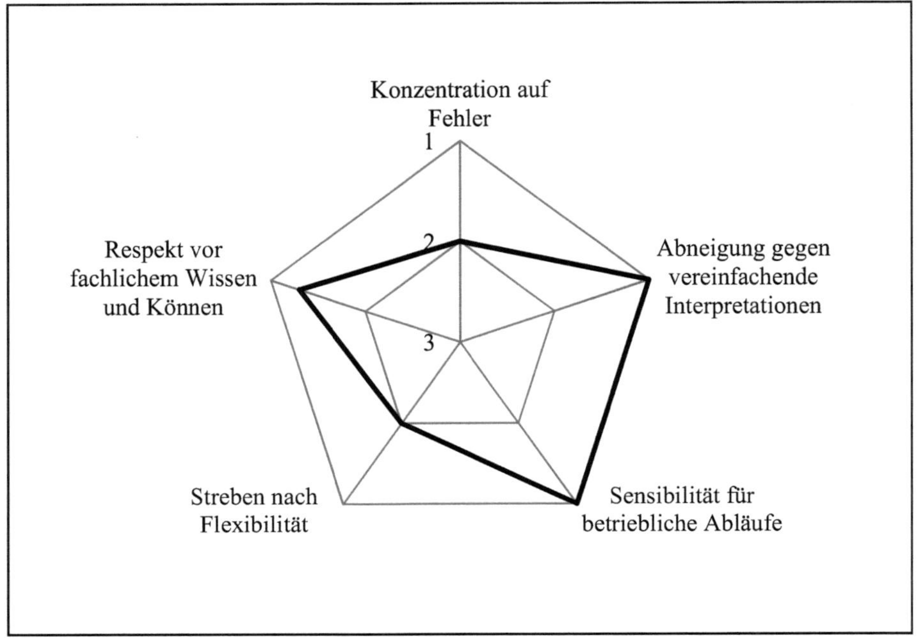

Abb. 17: HRO-Ausprägung im verarbeitenden Gewerbe – Unternehmen 4 (eigene Darstellung).

7.8 Krisenmanagement im verarbeitenden Gewerbe – Unternehmen 5

Der Gesprächspartner ist für die Corporate Security eines internationalen Konzerns verantwortlich. Sein Aufgabengebiet umfasst neben dem Krisenmanagement die Bereiche *Site-Security*, *IT-Sicherheit*, *Veranstaltungssicherheit*, *Reisesicherheit*, *Baustellensicherheit*, *Know-how-Schutz* und *Ermittlungen*.

Konzentration auf Fehler

Im Unternehmen kommen verschiedene Frühwarnsysteme zum Einsatz, die auf das HRO-Merkmal *Identifikation latenter Fehler* hindeuten.

Die Reisesicherheit der Mitarbeiterinnen und Mitarbeiter hat im Unternehmen absolute Priorität. Zur Abwendung von Bedrohungen werden mehrere Vorkehrungen getroffen. Im Unternehmen wird ein externes Reiseinformationssystem mit mehreren Anwendungen genutzt. Unter anderem kommt ein Reisefrühwarnsystem zum Einsatz, das aktuelle prekäre Entwicklungen in der Welt sofort automatisch per

Handy an den Gesprächspartner und seinen Vertreter meldet. Dank solcher Informationen können frühzeitig Maßnahmen von Kontaktaufnahmen bis hin zur Evakuierung eingeleitet werden. Beim Wirbelsturm Sandy im Oktober 2012 wurden beispielsweise Verhaltensmaßnahmen auch an die lokal betroffenen Mitarbeiterinnen und Mitarbeiter unmittelbar ausgesprochen.

Ein weiteres Frühwarnsystem ist in der Kommunikationsabteilung etabliert. Sowohl über ein internes als auch externes Web-Monitoring unterliegen alle unternehmensbezogenen Schlüsselthemen einem Überwachungsprozess.

Durch die Compliance-Organisation wird die Einhaltung der Grundsätze und Verhaltensrichtlinien kontrolliert. Die Mitarbeiterinnen und Mitarbeiter haben hierüber die Möglichkeit, Hinweise zu Fehlverhalten weiterzugeben.

Eine ganzheitliche Risikoanalyse und -bewertung potenzieller Krisenszenarien wird bislang nicht durchgeführt, ist jedoch für die Zukunft angedacht. Das HRO-Kriterium *Bewertung latenter Fehler, die auf keinen Fall vorkommen dürfen,* beschränkte sich daher zum Zeitpunkt der Befragung auf gewisse Kernthemen. Im Bereich der Reisesicherheit erfolgt z. B. eine weltweite Länderrisikoanalyse.

Abneigung gegen vereinfachende Interpretationen

Zur Erkenntnisgewinnung nutzt die Corporate Security mehrere Informationsquellen, die eine *Perspektivenvielfalt* fördern. Zum einen liefert das Reiseinformationssystem vielfältige Informationen über Länderrisiken. Die alleinige Nutzung des extern in Anspruch genommenen Reisefrühwarnsystems wird allerdings als nicht immer ausreichend betrachtet. Über das System gehen Meldungen teilweise erst mit Zeitverzug ein. Aus diesem Grund wurde ergänzend ein eigenes internes Frühwarnsystem aufgebaut. Über dieses System findet ein Web-Monitoring von etwa 13 Nachrichtenkanälen wie BBC oder Spiegel statt. Zudem zeigt das Web-Monitoring der Kommunikationsabteilung ebenfalls auf, dass man sich nicht allein auf externe Dienstleister verlässt, sondern darüber hinausgehende Vorkehrungen trifft. Des Weiteren steht das Unternehmen extern mit verschiedenen staatlichen Organisationen und branchenübergreifenden Unternehmen im Erfahrungs- und Informationsaustausch.

Geteilte Informationen und Interpretationsschemata werden zum Teil praktiziert; eine systematische Nutzung des Wissenspotenzials der Mitarbeiterinnen und Mitarbeiter ist noch nicht gegeben. Es ist jedoch geplant, geschlossene Netzwerke für verschiedene Interessengruppen einzurichten. Zudem ist ein E-Learning-Tool angedacht, das sich bereits im Aufbau befindet. Bislang gibt es für verschiedene Bereiche zuständige Ansprechpersonen, die je nach Bereich Informationen aufbereiten und an Kolleginnen und Kollegen mit entsprechendem Bedarf weitergeben. Im Bereich der Informationssicherheit findet quartalsmäßig oder nach Bedarf ein Jour Fixe zwischen der Corporate Security und externer Dienstleister statt. Des Weiteren treffen sich jährlich alle Mitglieder des Krisenmanagements und werden über aktuelle Themen unterrichtet.

Sensibilität für betriebliche Abläufe
Auf Konzernebene gibt es eine verbindliche Richtlinie zum Krisenmanagement, nach der sowohl der Konzern als auch die Standorte, Regionen und Konzernbereiche die definierten Regeln umzusetzen haben. Die Bereitschaft der Geschäftsführung zur Umsetzung eines einheitlichen Krisenmanagements begünstigt die Mitarbeiterverantwortung und ist ein Zeichen für die *Verantwortlichkeit der Führung*.

Ein *Wissens-/Informationsaustausch über Betriebsabläufe* wird durch mehrere Vorkehrungen realisiert. Bei Auslandsaufenthalten erhalten die Beschäftigten je nach Länderrisiko Infoblätter, auf denen Informationen über das Land, die Gefährdungen, Verhaltensempfehlungen, Ansprechpartner und eine Notfallnummer hinterlegt sind. Bei Reisen in besonders gefährdete Länder müssen alle den Kontakt mit der Corporate Security aufnehmen, die nach entsprechender Einweisung und Vorbereitung die Reise genehmigt. Unternehmensangehörige, die häufiger im Ausland unterwegs sind, erhalten ein allgemeines Basistraining. Ferner erhöhen die jährlichen Stabsrahmenübungen, regelmäßige Initiativen zur Informationssicherheit und zum Datenschutz, Notfallübungen sowie Publikationen allgemeiner Sicherheitsthematiken in der internen Mitarbeiterzeitung das Mitarbeiterbewusstsein.

Streben nach Flexibilität
Das Unternehmen war in den letzten zwei Jahren insgesamt von vier größeren außergewöhnlichen Ereignissen betroffen: von den Erdbeben in Japan im März 2011 und von politischen Unruhen im Nahen Osten sowie in Mittelamerika. Sowohl die *Bereitschaft, aus Fehlern zu lernen*, die *Kommunikation identifizierter Fehler* als

auch die *Umsetzung erkannter Verbesserungen* kamen hier zum Tragen. In der Nachbereitung besprach das Krisenteam, welche Abläufe sich als gut oder verbesserungswürdig erwiesen haben. Es wurden verschiedene Maßnahmen offen diskutiert, was eine Änderung der bisherigen Leitlinien des Krisenmanagements zur Folge hatte. Ein Krisentagebuch, in dem tabellarisch die Lage und alle Entscheidungen festgehalten werden, dient seitdem als Dokumentationshilfe. Zudem wurde eine Stellenbeschreibung eingeführt, in der Regelungen zu Aufgaben und Entscheidungsbefugnissen getroffen werden. Um die Kommunikation untereinander zu verbessern, wurden Meldewege definiert.

Respekt vor fachlichem Wissen und Können

Bei der Einberufung der Krisenstäbe werden etablierte Hierarchien zum Teil übergangen, und eine *kurzfristige Auflösung des Hierarchieprinzips* wird herbeigeführt. Die Krisenintervention wird je nach Ereignis vom Konzern, den Standorten oder den Regionen gesteuert.

Bei der Fukushima-Krise wurde ein Krisenstab auf Konzernebene gebildet, der die zentrale Leitung übernahm. Eine *Übertragung von Entscheidungsbefugnissen* hat somit nicht stattgefunden. Das Krisenkernteam stand täglich in einem regen Informationsaustausch mit den Länderverantwortlichen und hat bei der Entscheidungsfindung alle Meinungen angehört und diskutiert.

Je nach Ereignisart werden verschiedene Abteilungen zum Krisenkernteam hinzugezogen und ein *rasches Bündeln von Fachkenntnissen* ermöglicht. Bei der Fukushima-Krise setzte sich das Krisenkernteam in Deutschland aus den Geschäftsführern und Führungspersonen aus den Bereichen *Personal, Recht, Kommunikation* und *Corporate Security* zusammen. Durch das Reisefrühwarnsystem wurde die Corporate Security umgehend informiert und der Krisenstab sofort einberufen.
Bei diesem Unternehmen ist auffällig, dass die Reisesicherheit einen Schwerpunkt innerhalb der Corporate Security darstellt und hier intensive Vorkehrungen getroffen werden. Da eine Risikoanalyse nicht ganzheitlich wahrgenommen wird, sondern sich auf gewisse Kernthemen beschränkt, wurde das HRO-Merkmal *Bewertung latenter Fehler, die auf keinen Fall vorkommen dürfen,* als verbesserungswürdig eingestuft. Der nachstehenden Tabelle und Abbildung ist die Ausprägung der HRO-Merkmale zu entnehmen.

Kategorie	Merkmalsausprägung (Indikator)	Bewertung	Gesamt
Konzentration auf Fehler	Identifikation latenter Fehler	2	**2,5**
	Bewertung latenter Fehler, die auf keinen Fall vorkommen dürfen	3	
Abneigung gegen vereinfachende Interpretationen	Perspektivenvielfalt	1	**1,5**
	geteilte Informationen und Interpretationsschemata	2	
Sensibilität für betriebliche Abläufe	Verantwortlichkeit der Führung	1	**1,5**
	Wissens-/Informationsaustausch über Betriebsabläufe	2	
Streben nach Flexibilität	Bereitschaft, aus Fehlern zu lernen	2	**2**
	Kommunikation identifizierter Fehler	2	
	Umsetzung erkannter Verbesserungen	2	
Respekt vor fachlichem Wissen und Können	kurzfristige Auflösung des Hierarchieprinzips	1	**2**
	Übertragung von Entscheidungsbefugnissen	3	
	rasches Bündeln von Fachkenntnissen	2	

Tab. 12: Auswertung im verarbeitenden Gewerbe – Unternehmen 5 (eigene Darstellung).

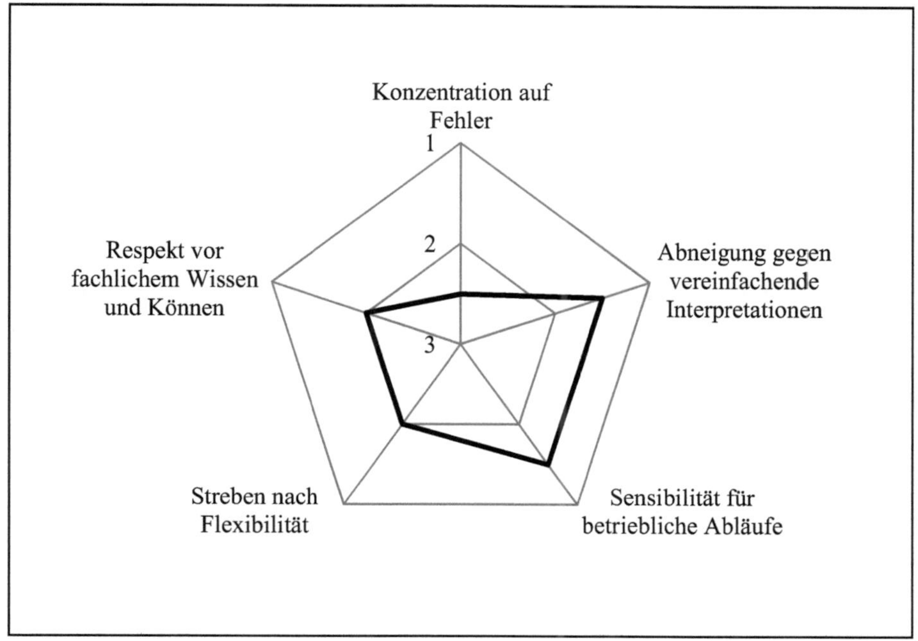

Abb. 18: HRO-Ausprägung im verarbeitenden Gewerbe – Unternehmen 5 (eigene Darstellung).

7.9 Krisenmanagement in der Informations- und Kommunikationsbranche – Unternehmen 6

Der Gesprächspartner ist im Bereich der Corporate Security in einem internationalen Konzern der Informations- und Kommunikationsbranche tätig und hier unter anderem für das Business-Continuity-Management (BCM) zuständig.

Konzentration auf Fehler

Eine *Identifikation latenter Fehler* ist in den einzelnen Unternehmensbereichen durch entsprechende Früherkennungsmethoden etabliert. Derzeit wird die Implementierung eines „Situation-Monitoring-Centers" überprüft, das ganzheitlich das Ziel einer strategischen Krisenfrüherkennung verfolgt. Von der Corporate Security wurde zudem ein Incident-Reporting-System eingerichtet, über das weltweit Sicherheitsvorfälle angezeigt werden. Meldungen wie z. B. der Verlust eines Laptops oder Spionage-Verdachtsfälle werden von den Beschäftigten über das Firmen-Intranet eingestellt, anschließend ausgewertet und an die zuständigen Stellen zur weiteren

Bearbeitung gesandt. Weitere Früherkennungsmethoden betreffen das Web-Monitoring in der Kommunikationsabteilung, die Beobachtung der Viren-Ausbreitung durch den Fachbereich für Informationstechnik, das Länder-Monitoring durch die Corporate Security sowie die anonyme Weitergabe von Mitarbeiterfehlverhalten über das Compliance-Office.

Im Rahmen des BCM werden potenzielle Krisen in einem Assessment ermittelt und beurteilt sowie notwendige Maßnahmen veranlasst. Die *Bewertung latenter Fehler, die auf keinen Fall vorkommen dürfen,* wird im Rahmen des unternehmensweiten integrierten Risikomanagementsystems durchgeführt. Nach einem Bewertungsverfahren werden die Risiken einer der Kategorien *hoch*, *mittel* oder *gering* zugeordnet.

Abneigung gegen vereinfachende Interpretationen

Dem HRO-Merkmal *Perspektivenvielfalt* wird durch den Rückgriff auf interne und externe Informationsquellen zur frühzeitigen Identifikation potenzieller Krisen Rechnung getragen. Neben den geschilderten Frühwarnsystemen in den einzelnen Fachbereichen werden weitere Sicherheitsinformationen durch die Informationsplattform SPOC des BKA, jährliche Treffen zwischen den Krisen- bzw. Business-Continuity-Verantwortlichen anderer Unternehmen sowie durch die Beteiligung an den vom Bundesamt für Bevölkerungsschutz und Katastrophenhilfe organisierten LÜKEX-Übungen (Länderübergreifende Krisenmanagementübung/-exercise) ausgetauscht. Bei diesen Übungen werden in Zusammenarbeit mit Behörden, Betreibern Kritischer Infrastrukturen, Hilfsorganisationen sowie weiteren Organisationen reale unerwartete Bedrohungslagen wie z. B. Cyber-Terrorismus simuliert. Das Unternehmen war in die LÜKEX-Übung 2011 involviert und plante zum Zeitpunkt des Interviews, die Teilnahme fortzuführen.

Im Unternehmen werden einige Praktiken zur gegenseitigen Informationsweitergabe angewandt. Es steht ein Onlineportal für fast zwei Millionen Mitglieder zum Erfahrungs- und Wissensaustausch zur Verfügung. Innerhalb des Portals gibt es verschiedene Communitys, u. a. für die Themen *Security* sowie *Governance, Risk* und *Compliance.* Des Weiteren sind verschiedene Fachbereiche miteinander vernetzt. Die BCM-Verantwortlichen praktizieren ein Networking untereinander und zu anderen Abteilungen, wie beispielsweise zur Informationstechnik und zum Travel-Management. Alle Bereiche arbeiten eng zusammen, und regelmäßige Meetings sind die Regel. Innerhalb des Business-Continuity-Netzwerkes unterstützen sogenannte Facilitators die Umsetzung der Business-Continuity-Standards. Durch diese verschiedenen Maßnahmen kommt das HRO-Merkmal *geteilte Informationen und Interpretationsschemata* zum Ausdruck.

Sensibilität für betriebliche Abläufe

In einer vom Vorstand verabschiedeten Sicherheitsrichtlinie werden u. a. verbindliche Standards zum BCM festgelegt. Zudem ist das BCM-System nach dem Standard ISO 22301:2012 zertifiziert. Dadurch zeigt sich, dass der *Verantwortlichkeit der Führung* ein besonderer Stellenwert eingeräumt wird.

Durch einen *Wissens-/Informationsaustausch über Betriebsabläufe* wird eine Mitarbeitersensibilisierung entwickelt. Der Austausch erfolgt in Form von Schulungsmaßnahmen durch Aus- und Fortbildungen vor Ort und per E-Learning, mittels jährlicher Krisenübungen, die auf verschiedene Szenarien (z. B. Erdbeben, Bombenanschlag, Terror, Epidemie, Unwetter) vorbereiten, sowie anhand der Durchführung von Alarmierungsübungen und regelmäßigen internen Auditierungen auf allen Ebenen.

Streben nach Flexibilität

Aufgrund des Wirbelsturms Sandy im Oktober 2012 musste das Unternehmen an der US-amerikanischen Ostküste vier Vertriebsstandorte für mehrere Tage schließen. In der Nachbereitung haben die lokalen Krisenteams die Ereignisse gemeinsam reflektiert. Alle Krisenstabtätigkeiten wurden dokumentiert, wobei der gesamte E-Mail-Schriftverkehr in einem elektronischen Ordner archiviert wurde. Während der Nachbereitung wurden gelungene sowie verbesserungswürdige Aspekte offen angesprochen und als Lessons Learned veröffentlicht. Eine bislang nicht gelöste Schwierigkeit stellt die Erreichbarkeit aller Personen dar. Der thematisierte Optimierungsbedarf wurde durch gewisse Maßnahmen gelenkt. Generell dient diese Art von Reviews der kontinuierlichen Verbesserung der Wirksamkeit des BCM.

Insgesamt werden die drei HRO-Merkmale *Bereitschaft aus Fehlern zu lernen*, *Kommunikation identifizierter Fehler* und *Umsetzung erkannter Verbesserungen* in einer Krisennachbereitung umgesetzt.

Respekt vor fachlichem Wissen und Können

Die Krisenbewältigung erfolgt je nach Ausmaß durch ein oder mehrere Krisenteams, was eine *kurzfristige Auflösung des Hierarchieprinzips* nach sich zieht. Zur Minimierung von Schäden werden Krisenteams auf verschiedenen Ebenen (*Konzernebene*, *regionale* und *lokale Ebene*) eingerichtet. Lokal begrenzte außergewöhnliche Ereignisse wie z. B. der Wirbelsturm Sandy im Oktober 2012 werden von den lokalen oder regionalen Krisenteams eigenständig durch eine *Übertragung von Entscheidungsbefugnissen* gehandhabt. Eine zentrale Steuerung ist in solchen Fällen in Anbetracht der geringen Auswirkungen nicht notwendig. Beim Wirbelsturm Sandy wurden die Krisenteammitglieder über einen webbasierten Alarmierungs- und Krisenmanagement-Service einberufen, wobei nicht alle Mitglieder sofort erreicht wurden und sich ein *rasches Bündeln von Fachkenntnissen* daher verzögerte. Zudem wurde einer der Vertriebsstandorte vom Konzern zur Einleitung von Maßnahmen aufgerufen, da keine zeitnahen Vorkehrungen getroffen worden waren. Die Krisenstäbe setzten sich aus Mitgliedern der Bereiche *Kommunikation, Informationstechnik, Facility Management* und *Sicherheit* zusammen.

Insgesamt ist ein aktives und reaktives Krisenmanagement etabliert, das in den Bereichen einer ganzheitlichen strategischen Krisenfrüherkennung, einer systematischen Ursachenermittlung und einer schnellen Einsatzbereitschaft der Krisenstäbe Verbesserungspotenzial besitzt. Die folgenden Übersichten fassen die Ergebnisse zusammen.

Kategorie	Merkmalsausprägung (Indikator)	Bewertung	Gesamt
Konzentration auf Fehler	Identifikation latenter Fehler	2	**2**
	Bewertung latenter Fehler, die auf keinen Fall vorkommen dürfen	2	
Abneigung gegen vereinfachende Interpretationen	Perspektivenvielfalt	1	**1**
	geteilte Informationen und Interpretationsschemata	1	
Sensibilität für betriebliche Abläufe	Verantwortlichkeit der Führung	1	**1**
	Wissens-/Informationsaustausch über Betriebsabläufe	1	

Kategorie	Merkmalsausprägung (Indikator)	Bewertung	Gesamt
Streben nach Flexibilität	Bereitschaft, aus Fehlern zu lernen	2	**2**
	Kommunikation identifizierter Fehler	2	
	Umsetzung erkannter Verbesserungen	2	
Respekt vor fachlichem Wissen und Können	kurzfristige Auflösung des Hierarchieprinzips	1	**1,3**
	Übertragung von Entscheidungsbefugnissen	1	
	rasches Bündeln von Fachkenntnissen	2	

Tab. 13: Auswertung in der Informations- und Kommunikationsbranche – Unternehmen 6 (eigene Darstellung).

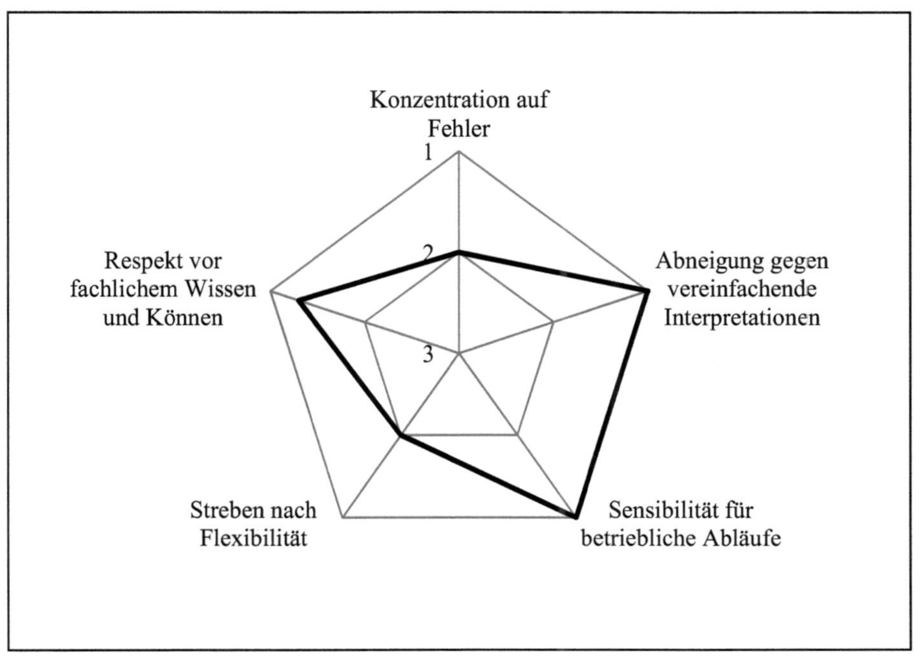

Abb. 19: HRO-Ausprägung in der Informations- und Kommunikationsbranche – Unternehmen 6 (eigene Darstellung).

7.10 Krisenmanagement im verarbeitenden Gewerbe – Unternehmen 7

Der Gesprächspartner ist Leiter der Corporate Security eines internationalen produzierenden Unternehmens. Seine Aufgaben umfassen die folgenden drei Bereiche:

- amtlicher Geheimschutz – Defence: Verschlusssachen-Vorgaben, Einstufung von Schutztechnologien (Staatsgeheimnis) bereits in der Entwicklungsphase
- vorbeugender personeller Sabotageschutz: Abwehr von Innentätern, Sicherheitsüberprüfungen, Benennung und Einrichtung sensibler Infrastrukturbereiche
- Unternehmensschutz: Know-how Schutz, Objektschutz, Mitarbeiterschutz, Ermittlungen, Sicherheitslage, IT-Sicherheit und Krisenmanagement

Konzentration auf Fehler

Für verschiedene Krisenszenarien kommen Frühwarnsysteme zum Einsatz, die der *Identifikation latenter Fehler* dienen. Im Mittelpunkt der Betrachtung stehen Auswirkungen von Naturkatastrophen, Entführungen, Erpressungen, Großschäden, Sabotage, kriegsähnliche Zustände und IT-Risiken.

Ein bedeutendes Thema stellt die Abwendung von Bedrohungen gegen Mitarbeiterinnen und Mitarbeiter dar. Zur vorzeitigen Informationsgewinnung kommt ein globales Sicherheitsüberwachungsprogramm zur Anwendung, das die Entwicklung politischer Unruhen und anderer potenzieller Gefährdungen beobachtet. Je nach Anlass werden Gegenmaßnahmen getroffen, die davon abhängen, ob es sich um temporäre, regional begrenzte oder um andauernde und größere Vorkommnisse handelt. In einer Länderrisikodatei ist die aktuelle Sicherheitslage recherchierbar.

Zur frühzeitigen Erkennung von Demonstrationen wird ein Web-Monitoring durchgeführt, bei dem verschiedene Internetforen auf Beiträge von Extremisten durchsucht werden. Auf diese Weise wurde ein Mitarbeiter auf einen Beitrag von Linksextremisten aufmerksam, die in einem Forum eine Demonstration angekündigt hatten. Durch die schnelle und rechtzeitige Erkenntnisgewinnung hatte das Unternehmen bis zur Anmeldung der Demonstration eine Vorlaufzeit von vier Tagen. Diese Zeit wurde genutzt, um entsprechende Vorbereitungen zu treffen. Alle Mitarbeiterinnen und Mitarbeiter wurden zielgerichtet informiert, und es wurden Verhaltensrichtlinien empfohlen.

Im Bereich der Informationstechnik steht die Ausbreitung von Computerviren unter permanenter Beobachtung, um bestehende Sicherheitslücken schnell zu schließen.

Besonders bedrohliche Ereignisse werden in einem Katalog definiert und bei Feststellung formlos an die Unternehmenssicherheit gemeldet. Eine *Bewertung latenter Fehler, die auf keinen Fall vorkommen dürfen,* kommt hierdurch nicht zum Tragen.

Abneigung gegen vereinfachende Interpretationen

Zwecks Erkenntnisgewinnung werden interne wie auch externe Informationsquellen beansprucht, die eine *Perspektivenvielfalt* ermöglichen. Im Gespräch wurde sehr deutlich, dass sich der Interviewpartner bei unklaren Sicherheitslagen ungern auf eine Informationsquelle verlässt, sondern mindestens eine weitere Quelle in Betracht zieht. Jede Erkenntnis wird skeptisch betrachtet und einem sogenannten Gegencheck unterzogen. Bei sich ankündigenden Demonstrationen wird frühzeitig der Kontakt zur Polizei, zum Staatsschutz und Verfassungsschutz aufgenommen. Neben dieser engen Zusammenarbeit mit mehreren Sicherheitsbehörden erlangt das Unternehmen Informationen über den Single-Point-of-Contact (SPOC) des BKA und durch den bracheninternen Informationsaustausch mit anderen Unternehmen.

Im Bereich der Reisesicherheit wird gezielt auf das implizite Mitarbeiterwissen zurückgegriffen und dem HRO-Merkmal *geteilte Informationen und Interpretationsschemata* voll entsprochen. Je nach Länderrisiko haben die Mitarbeiterinnen und Mitarbeiter nach ihrer Reise ein Gespräch mit dem Leiter der Unternehmenssicherheit zu führen. In diesen Gesprächen wird z. B. über mangelnde oder nicht funktionierende Sicherheitseinrichtungen im Hotel und andere Vorkommnisse gesprochen. In solchen Fällen gelangen die Hotels auf eine Sperrliste, was gleichzeitig einen Buchungsstopp zur Folge hat.

Sensibilität für betriebliche Abläufe

Im Bereich des Krisenmanagements gibt es seitens der Unternehmenssicherheit eine verbindliche Anweisung, in der verschiedene Szenarien genannt und die Aufgaben grob festgelegt werden. Neben dieser *Verantwortlichkeit der Führung* spielt die Mitarbeitersensibilisierung im Bereich der Reisesicherheit eine große Rolle. Aus diesen Gründen werden mehrere Vorkehrungen getroffen, zu denen u. a. die Teilnahme an Tagesseminaren zum Thema Entführungen, das Hinterlegen aller Reiseangaben in einer Reisedatei sowie das persönliche Informationsgespräch mit der Unternehmenssicherheit zählen.

Ein *Wissens-/Informationsaustausch über Betriebsabläufe* ist nicht ausnahmslos gegeben. Für die Krisenteammitglieder werden in Anbetracht ausreichender Praxiserfahrungen keine gesonderten Trainingsmaßnahmen durchgeführt. In den letzten Jahren wurden mehrere kritische Ereignisse in Japan, im Nahen Osten, in Nordafrika und einige Demonstrationen an deutschen Standorten bewältigt, bei denen sich das Krisenmanagement etabliert und gut funktioniert hat. Unabhängig davon finden regelmäßig Alarmierungsübungen statt.

Streben nach Flexibilität

Das Unternehmen war von den schweren Erdbeben in Japan im März 2011 betroffen. Die Ereignisse hatten Auswirkungen auf die Geschäftsprozesse. Ein Ersatzteillager an einem Standort war aufgebraucht. Zudem befanden sich zu diesem Zeitpunkt mehrere Expatriates mit ihren Familien in Japan. Zunächst entschied sich das Unternehmen dafür, die Lageentwicklung abzuwarten. Die Wetterlage wurde permanent überwacht. Sowohl der Deutsche Wetterdienst als auch die Schweizer Wettervorhersage MeteoSchweiz wurden parallel beobachtet, und es wurde eine externe Beratung von einem Strahlenschutzbeauftragten in Anspruch genommen. Zudem nahm das Unternehmen mit anderen Unternehmen Kontakt auf und fragte nach, welche Maßnahmen sie träfen. Zur Vervollständigung des Lagebildes tauschte sich das befragte Unternehmen weiterhin mit staatlichen Behörden aus. Da eine längere Gefährdung nicht auszuschließen war, wurden die Mitarbeiterinnen und Mitarbeiter von Tokio nach Südjapan evakuiert.

Die Krisenbewältigung in Japan wurde in einer gemeinsamen Sitzung aller Krisenteammitglieder nachbereitet. Mithilfe der dokumentierten Informationen wurden alle positiven und negativen Aspekte offen kommuniziert. In bestimmten Punkten wurde Verbesserungspotenzial erkannt und umgesetzt. Das Beispiel Japan zeigt, dass alle drei HRO-Merkmale im Rahmen des vierten HRO-Prinzips hervortreten (*Bereitschaft, aus Fehlern zu lernen*, *Kommunikation identifizierter Fehler* und *Umsetzung erkannter Verbesserungen*).

Respekt vor fachlichem Wissen und Können

Zur Minimierung von Schäden werden je nach Ausmaß Krisenteams auf verschiedenen Ebenen eingerichtet. Während einer *kurzfristigen Auflösung des Hierarchieprinzips* kommen der *Zentralkrisenstab* und/oder der *lokale Krisenstab* zum Einsatz. Bei der Fukushima-Krise wurde ein Zentralkrisenstab für 14 Tage einberufen, der die Situation ganzheitlich von Deutschland aus steuerte. Auf den Einsatz eines lokalen Krisenstabs und auf eine damit verbundene *Übertragung von Entscheidungsbefugnissen* wurde hingegen verzichtet.

Die vom Krisenstab getroffenen Entscheidungen wurden von den Verantwortlichen in Japan umgesetzt. Entscheidungen innerhalb des Krisenstabs wurden in gegenseitigem Einvernehmen getroffen. Gegenteilige Auffassungen wurden angehört, zur Diskussion freigegeben und als Aktenvermerk notiert. Der Krisenstab setzte sich aus Mitgliedern der Bereiche *Sicherheit*, *Recht*, *Informationstechnik*, *Personal*, *Finanzen* und *Betriebsrat* zusammen. Zudem beriet ein externer Strahlenschutzbeauftragter den Krisenstab. Auf lokale Expertise wurde nicht zurückgegriffen, was gegen ein *rasches Bündeln von Fachkenntnissen* spricht.

Insgesamt ist das Unternehmen besonders stark im Bereich des zweiten HRO-Prinzips (Ablehnung vereinfachender Interpretationen) aufgestellt. Kritikwürdig erscheinen die zentrale Entscheidungsfindung während der Krisenintervention und der somit mangelnde Rückgriff auf die Fachexpertise, die nicht systematische Ursachenermittlung sowie die fehlende Risikobewertung. Die nachfolgenden Darstellungen spiegeln die HRO-Merkmalsausprägungen wider.

Kategorie	Merkmalsausprägung (Indikator)	Bewertung	Gesamt
Konzentration auf Fehler	Identifikation latenter Fehler	2	**2,5**
	Bewertung latenter Fehler, die auf keinen Fall vorkommen dürfen	3	
Abneigung gegen vereinfachende Interpretationen	Perspektivenvielfalt	1	**1**
	geteilte Informationen und Interpretationsschemata	1	

Kategorie	Merkmalsausprägung (Indikator)	Bewertung	Gesamt
Sensibilität für betriebliche Abläufe	Verantwortlichkeit der Führung	1	**2**
	Wissens-/Informationsaustausch über Betriebsabläufe	3	
Streben nach Flexibilität	Bereitschaft, aus Fehlern zu lernen	2	**2**
	Kommunikation identifizierter Fehler	2	
	Umsetzung erkannter Verbesserungen	2	
Respekt vor fachlichem Wissen und Können	kurzfristige Auflösung des Hierarchieprinzips	1	**2,3**
	Übertragung von Entscheidungsbefugnissen	3	
	rasches Bündeln von Fachkenntnissen	3	

Tab. 14: Auswertung im verarbeitenden Gewerbe – Unternehmen 7 (eigene Darstellung).

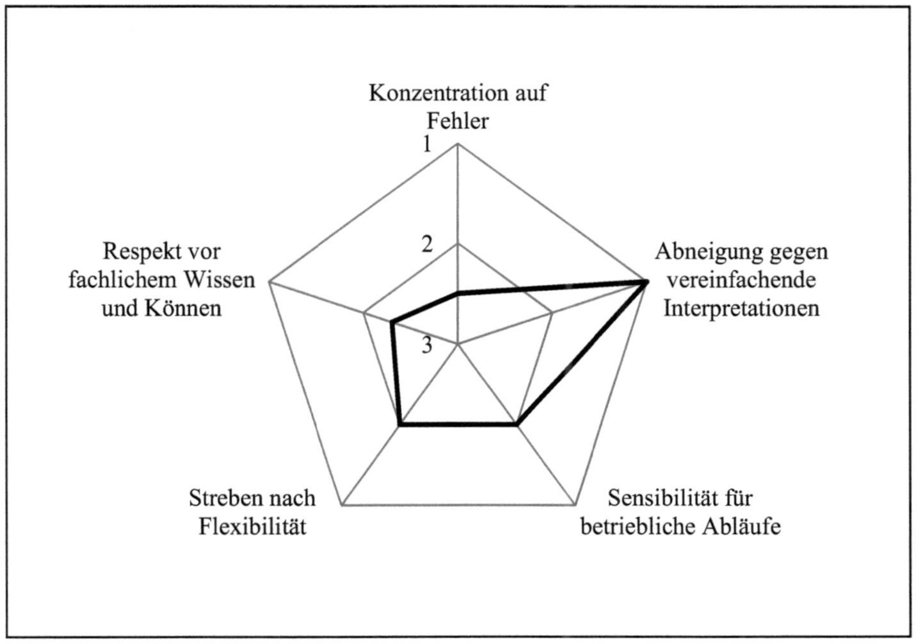

Abb. 20: HRO-Ausprägung im verarbeitenden Gewerbe – Unternehmen 7 (eigene Darstellung).

8 Auswertung der Ergebnisse

Im folgenden Kapitel werden die in den Interviews gewonnenen Erkenntnisse zusammengefasst und miteinander verglichen, um Aussagen über die Gültigkeit der aufgestellten Hypothesen treffen zu können (Kapitel 8.1). Zum Abschluss werden die Ergebnisse einer kritischen Betrachtung unterzogen (Kapitel 8.2).

8.1 Zusammenführung der Ergebnisse

Die Analyse der empirischen Erhebung zeigt ein differenziertes Bild hinsichtlich der Übertragbarkeit der HRT auf Wirtschaftsunternehmen. In einigen Unternehmen ist das Krisenmanagement von hoher Bedeutung und deckt sich mit mehreren HRO-Prinzipien. Im Gegensatz dazu gibt es Konzerne, die andere Prioritäten setzen und nicht durchgängig alle HRO-Prinzipien verfolgen. Auf den ersten Blick ist das reaktive Krisenmanagement mit den HRO-Prinzipien *Streben nach Flexibilität* und *Respekt vor fachlichem Wissen und Können* hervorzuheben, dem alle befragten Firmen einen angemessenen Stellenwert einräumen. Erkennbare Defizite treten hinsichtlich des HRO-Prinzips *Konzentration auf Fehler* auf. Insgesamt drei Unternehmen weisen in diesem Bereich Verbesserungspotenzial auf. Bei einer genaueren Gegenüberstellung treten folgende Auffälligkeiten hervor.

Konzentration auf Fehler
In allen untersuchten Bereichen finden sich Beispiele für Früherkennungssysteme. Durchweg alle eingesetzten Systeme basieren auf technischen automatisierten Systeme, zu denen u. a. das Issue-Monitoring öffentlicher Kommunikationsmedien, das Länder-Monitoring, das Informationstechnik-Monitoring, das Produkt-Monitoring sowie das Supply-Chain-Monitoring zählen. Hingegen wird das Mitarbeiterwissen zur Früherkennung weniger nutzbar gemacht. Lediglich einzelne der untersuchten Unternehmen haben standardisierte Incident-Reporting-Systeme etabliert, über die melderelevante Ereignisse unverzüglich bekannt zu geben sind. Eine Ausnahme bilden die Whistleblowing-Systeme, bei denen die Unternehmensangehörigen Hinweise zur Aufdeckung von Mitarbeiterkriminalität liefern. In den anderen Fällen werden Informationen auf informellem Weg weitergegeben.

Ein weiterer Unterschied besteht in der Frage nach der Aufgabenwahrnehmung. In fast allen betrachteten Unternehmen erfolgt die Früherkennung von Krisen dezentral in den verschiedenen Fachbereichen. Lediglich in einem Unternehmen existiert ein übergreifendes Lage- und Führungszentrum, das einen Teil des Risikomanagements zentral für den Gesamtkonzern durchführt.

Weiterhin fällt auf, dass nicht überall eine ganzheitliche Risikobewertung nach Eintrittswahrscheinlichkeit und Schadensausmaß potenzieller Krisen vorgenommen wird. Einerseits werden die zentralen Gefährdungen in Oberkategorien klassifiziert, andererseits unterbleibt eine Priorisierung in Form eines dreistufigen Klassifizierungssystems, wie es in anderen der befragten Unternehmen vorzufinden ist.

Abneigung gegen vereinfachende Interpretationen

Nahezu alle interviewten Unternehmen greifen zur Krisenfrüherkennung auf die unterschiedlichsten Informationen zurück, um ein umfassendes Sicherheitslagebild zu generieren. Ein Aspekt, der sich zwischen den analysierten Unternehmen unterscheidet, betrifft die Art der Wissensgenerierung über Sicherheitsthemen. Je nach Unternehmen werden verschiedene fördernde Bedingungen geschaffen, um einen vielfältigen Wissensaustausch untereinander zu unterstützen.

Zum Beispiel wird über die etablierten Incident-Reporting-Systeme stellenweise internes Mitarbeiterwissen über Sicherheitsvorkommnisse bekannt. Diese Systeme haben jedoch den Nachteil, dass sie auf einem einseitigen, indirekten Kommunikationsaustausch beruhen, der keine unmittelbare Rückkopplung an den Nachrichtensender ermöglicht. Eine Besonderheit stellt eines der untersuchten Unternehmen dar, in dem implizites Mitarbeiterwissen im persönlichen Austausch offen gelegt wird: Während Besprechungen vor Reiseantritt in Risikoländer die gängige Praxis sind, wird eine Nachbereitung in den wenigsten Fällen durchgeführt. In diesem Unternehmen hingegen finden Befragungen direkt im Anschluss an die Rückkehr statt, um potenzielle Gefährdungen rechtzeitig zu erschließen.

Einige Unternehmen haben gruppenübergreifende Kommunikationsmöglichkeiten entwickelt. Über firmeninterne Netzwerkplattformen tauscht sich ein beschränkter Teilnehmerkreis über Sicherheitsthemen aus. Eine weitere Sonderform stellt die Bildung von Projektteams in einem der befragten Unternehmen dar. Bei sich anbahnenden Krisen schließen sich im Sinne einer frühzeitigen Intervention mehrere Akteure zusammen, um ein umfassendes Sicherheitslagebild zu erarbeiten. Dieses Verfahren weist große Ähnlichkeiten mit den von HRO-Beratungsunternehmen einberufenen Workshops auf. Ein gegenseitiges Feedback zur Förderung geteilter mentaler Modelle wird jedoch in keinem der untersuchten Unternehmen praktiziert.

Sensibilität für betriebliche Abläufe

In fast allen der betrachteten Unternehmen ist eine bewusste Auseinandersetzung mit dem Thema Krisenmanagement festzustellen. Das Krisenmanagement ist organisatorisch geregelt und nimmt einen hohen Stellenwert ein, der auch von der Geschäftsführung getragen wird. Insbesondere die Fukushima-Krise hat zu einem Überdenken bisheriger Abläufe und Verfahren geführt. Seitdem wurden Konzepte auf den Prüfstand gestellt und überarbeitet sowie ganzheitlich an jedem Standort implementiert.

Darüber hinaus werden in vielen der untersuchten Unternehmen im Vorfeld zahlreiche Vorkehrungen getroffen, wie etwa Aus- und Fortbildungsmaßnahmen der Krisenteammitglieder, Krisenübungen, Auditierungen und Informationsgespräche. Diese Art von Vorbereitung schafft ein Bewusstsein für die Krisenbewältigung, beschränkt sich aber fast durchgängig auf die Handlungsabläufe fachlicher Fähigkeiten. Ein Training überfachlicher Kompetenzen, das sich beispielsweise mit den Themen Kommunikation und interkulturelle Kompetenz befasst, unterbleibt in nahezu allen der untersuchten Fälle. In einen der analysierten Unternehmen ist ein Medientraining für die Teammitglieder des Sachgebiets *Kommunikation* und der Krisenstabsleitung sowie für die Standortverantwortlichen vorgesehen.

Streben nach Flexibilität

In durchweg allen Unternehmen werden Krisen als Chance zur Verbesserung gesehen, und nach jedem Ereignis findet eine Nachbereitung statt. Eine standardisierte Ursachenanalyse aus verschiedenen Blickwinkeln wird dagegen nicht in jedem Unternehmen durchgeführt. Entsprechende Fehlererfassungssysteme sind nicht die Regel. In diesem Zusammenhang ist auch zu überprüfen, inwieweit ein systematisches Einholen von Feedback umgesetzt wird. Feedbackprozesse ermöglichen einen höheren Lernerfolg, da sie offenlegen, ob sich alle Verfahren wie gedacht bewährt haben.

Respekt vor fachlichem Wissen und Können

Alle Unternehmen haben das Krisenmanagement auf mehreren Unternehmensebenen etabliert, was eine dezentrale Entscheidungsfindung ermöglicht. Die Krisenintervention erfolgt durch interdisziplinär besetzte Teammitglieder aus verschiedensten Fachbereichen. Eine besondere Eigenart stellt ein zusätzlicher Krisenstab für die Kommunikation dar. Vereinzelt treten Schwierigkeiten in der schnellen Erreichbarkeit der Krisenteammitglieder auf. Zudem räumen zwei Unternehmen der zentralen Krisenbewältigung den Vorrang gegenüber einer dezentralen Regelung ein.

Bei einer Zusammenführung aller Ergebnisse und der Ermittlung der Durchschnittswerte der sieben Wirtschaftsunternehmen, des Industrieparkbetreibers und des HRO-Beratungsunternehmens ergibt sich folgendes Schaubild:

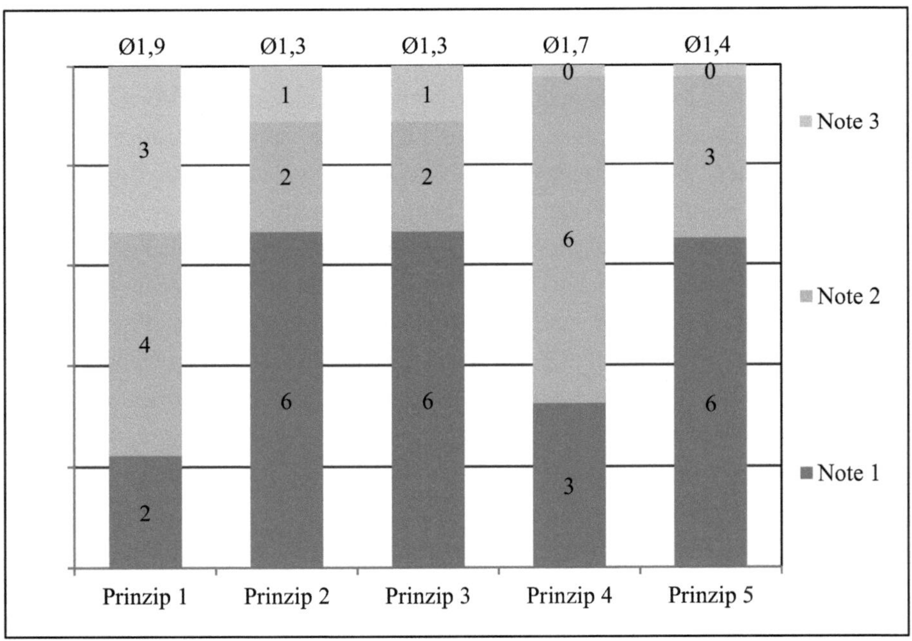

Abb. 21: Auswertungsergebnis (eigene Darstellung).

Anhand der festgelegten Bewertungskriterien (vgl. Tabelle 5 in Kapitel 6.1.4) wird eine Aussage zu den aufgestellten Hypothesen getroffen. Die Abbildung verdeutlicht, dass sich die Hypothesen zwei, drei und fünf bestätigt haben. Dagegen sind die Hypothesen eins und vier nur bedingt erfüllt. Setzt man alle Ergebnisse in Vergleich zu der Befragung beider Wirtschaftsverbände ergibt sich ein identisches Resultat. Die zu Beginn des Forschungsprozesses gestellte Frage: „Finden sich bei den Unternehmen dieselben Muster, die auch zur Sicherheit in den HRO beitragen?“ lässt sich bejahen. Festzuhalten ist, dass verschiedene HRO-Praktiken in der Unternehmenspraxis angewandt werden, was auf eine Übertragbarkeit der HRT schließen lässt.

Die folgende Tabelle gibt einen Gesamtüberblick über das Ergebnis der aufgestellten Hypothesen.

Kategorie	Hypothese	Ergebnis
Konzentration auf Fehler	H 1: Im Rahmen des aktiven Krisenmanagements existieren Früherkennungsmethoden zur Identifikation potenzieller sicherheitskritischer Ereignisse in der Entstehungsphase.	bedingt bestätigt
Abneigung gegen vereinfachende Interpretationen	H 2: Das Unternehmen sucht aktiv nach Informationen, um so vereinfachende Interpretationen der Realität zu vermeiden.	bestätigt
Sensibilität für betriebliche Abläufe	H 3: Die Mitarbeiterinnen und Mitarbeiter im Unternehmen werden für mögliche Krisenpotenziale sensibilisiert.	bestätigt
Streben nach Flexibilität	H 4: Nach jedem außergewöhnlichen Ereignis findet ein ausführlicher Lernprozess statt.	bedingt bestätigt
Respekt vor fachlichem Wissen und Können	H 5: Im Rahmen der Ereignisbewältigung können die Mitarbeiterinnen und Mitarbeiter eigenverantwortlich Entscheidungen treffen, auch ohne eine hierarchisch herausgehobene Position im Team einzunehmen.	bestätigt

Tab. 15: Überblick Hypothesentest (eigene Darstellung).

8.2 Diskussion der Untersuchungsergebnisse

Um den wissenschaftlichen Ansprüchen zu genügen, sind bestimmte Qualitätsanforderungen zu erfüllen. Zur Beurteilung der Ergebnisse werden die beiden klassischen Gütekriterien *Validität* und *Reliabilität* herangezogen, die in modifizierter Form auch auf die qualitative Forschung übertragbar sind (Bortz & Döring, 2006, S. 326; Steinke, 2012, S. 320). Für die Aussagekraft der Forschungsergebnisse sprechen folgende Belege:

Standardisierte Auswertung

Die Auswertung erfolgte mittels einer qualitativen Inhaltsanalyse, einer standardisierten Testauswertung, die sich positiv auf die Reliabilität, d. h. die „Genauigkeit – im Sinne von Messfehlerfreiheit – der mit diesem Verfahren erzielten Messwerte“ (Moosbrugger & Kelava, 2012, S. 120) auswirkt.

Kommunikative Validierung

Bei der kommunikativen Validierung werden den Untersuchten die Daten der Forschung vorgelegt und hinsichtlich ihrer Gültigkeit bewertet (Steinke, 2012, S. 320). Im vorliegenden Fall wurde eine Absicherung der Ergebnisse durch die Vorlage der Gesprächsprotokolle erreicht. In den meisten Fällen wurden die Protokollinhalte bestätigt und lediglich kleinere Korrekturen vorgenommen.

Perspektivwechsel

Der Forschungsaspekt wurde durch Einbezug von Wirtschafts- und Beratungsunternehmen, Wirtschaftsverbänden sowie Dienstleistungsunternehmen aus mehreren Blickwinkeln betrachtet. Insgesamt haben sechs Unternehmen des verarbeitenden Gewerbes, ein Unternehmen der Informations- und Kommunikationsbranche, zwei Industrieverbände, ein HRO-Beratungsunternehmen sowie ein Industrieparkbetreiber mit etwa 100 ansässigen Produktionsunternehmen an der Befragung teilgenommen. Beim Fallvergleich zwischen den Unternehmen, Verbänden und Dienstleistern spiegeln sich einige Gemeinsamkeiten wider. Alle in den Interviews erhobenen Angaben erscheinen evident und stehen nicht im Widerspruch zueinander.

Plausibilität

In den meisten der durchgeführten Interviews wurden die getroffenen Aussagen durch die Einsicht in Richtlinien, Verfahrensanweisungen und Systeme sowie durch die Herausgabe von Informationsmaterial bekräftigt. Dieser Aspekt spricht für schlüssige und nachvollziehbare, den Tatsachen entsprechende Schilderungen und somit für eine Nachprüfbarkeit.

Neben den dargelegten positiven Einflusskriterien könnten sich folgende Faktoren nachteilig auf die Qualität der Forschungsergebnisse ausgewirkt haben:

Abstraktheit der HRT

Die HRT ist sehr allgemein und abstrakt gehalten. Je nach Betrachtungsweise kann das Konzept unterschiedlich ausgelegt werden. Der HRO-Begriff lässt Interpretationsspielraum zu. Nach dem Verständnis von Weick und Sutcliffe (2010) finden sich bei HRO achtsame Praktiken, die sich im Besonderen durch die fünf HRO-Prinzipien äußern. In der Veröffentlichung „Das Unerwartete Managen“ umschreiben die Autoren diese Kriterien anhand von relevanten Situationen ausführlich; eine präzise Definition ist jedoch nicht vorzufinden. Alle fünf HRO-Prinzipien lassen sich zudem nicht klar voneinander abgrenzen, und es ergeben sich Überschneidungen. Eine Zuordnung identifizierter Krisenmanagementpraktiken zu dem jeweiligen passenden HRO-Merkmal kann je nach Blickwinkel unterschiedlich ausfallen.

Bestimmung der HRO-Faktoren (Indikatoren)

Problematisch gestaltete sich die Bestimmung von Bedingungen, die minimal erfüllt sein mussten, damit das in der HRT verankerte HRO-Prinzip als bestätigt angesehen werden konnte. Einerseits durften die Indikatoren nicht zu allgemein gehalten werden, da andernfalls alle erhobenen Informationen darunter subsumiert werden könnten. Andererseits sollten die Indikatoren nicht zu konkret festgelegt werden, da in diesem Fall kaum verallgemeinerbare Ergebnisse hätten abgeleitet werden können.

Transkription

Die Aussagen der Gesprächspartnerin und der Gesprächspartner wurden während der Befragungen auf Grundlage des Gedächtnisses protokolliert. Ein Nachteil dieser Methode ist die beschränkte menschliche Gedächtniskapazität, wodurch nur begrenzt Informationen behalten und verarbeitet werden (Dörner & Schaub, 1995). Es ist nicht auszuschließen, dass einige Detailinformationen entgangen sind, die durch eine genauere Analyse von Tonbandaufzeichnungen bekannt geworden wären.

Informationsgehalt der Experteninterviews

Bei den meisten der Interviews war die zur Verfügung stehende Zeit sehr begrenzt, sodass nicht in gewünschtem Umfang nachgefragt werden konnte. Zudem wurden fachübergreifende Fragen häufig nicht beantwortet. Die Aussage wurde z. B. strikt verweigert, da die Person dafür nicht zuständig sei. In einem Fall kam es vor, dass telefonisch Rücksprache mit dem zuständigen Mitarbeiter gehalten wurde. Ferner ist aufgrund der Sensibilität und Vertraulichkeit der Thematik zu vermuten, dass nicht alle Fragen tiefgründig kommentiert wurden.

Zur Erzielung qualitativ höherwertiger Forschungsergebnisse lassen sich folgende Verbesserungsvorschläge nennen, die aufgrund des begrenzten Bearbeitungsumfangs und -zeitraums jedoch nicht umsetzbar waren:

- Ausdehnung der Untersuchungen auf weitere Wirtschaftsbranchen
- Ausdehnung der Experteninterviews auf weitere Fachbereiche
- Ausdehnung auf verschiedene Methoden (Triangulation) quantitativer Forschung, z. B. Befragungen
- Suche und Analyse abweichender Fälle

Im Rahmen der wissenschaftlichen Untersuchung sind weitere Forschungsfragen entstanden, die eine zusätzliche Betrachtung wert sind. Die HRO-Prinzipien liefern einerseits zahlreiche Transferansätze für das Krisenmanagement (siehe Kapitel 9), andererseits gibt die HRT keine Antwort auf die Frage, wie die konkrete Umsetzung zu gestalten ist. Aus diesem Grund erscheint es angebracht, sich mit folgenden Fragestellungen näher auseinanderzusetzen:

- Welche Voraussetzungen sind zu schaffen, um das implizite Wissenspotenzial der Mitarbeiterinnen und Mitarbeiter zur Früherkennung nutzbar zu machen?
- Wie entwickeln sich geteilte mentale Modelle?
- Welche effektiven Strategien der Krisennachbereitung können zur Förderung von Lernprozessen eingesetzt werden?
- Welche Instrumente und Methoden können zur zielgerichteten Auswahl und Besetzung der Krisenteams eingesetzt werden?
- Welche Trainingskonzepte können in das Krisenmanagement eingebunden werden, um die nicht fachlichen Kompetenzen der Krisenteammitglieder zu schulen?

9 Transferansätze für das Krisenmanagement

In diesem Kapitel werden die Erkenntnisse aus der Analyse der Interviews noch einmal näher betrachtet. Für jedes HRO-Prinzip werden Transferansätze für eine Anwendung in Wirtschaftsunternehmen vorgeschlagen. Diese Vorgehensweisen stellen eine Zusammenfassung der in HRO etablierten Praktiken dar und ergänzen und unterstreichen die Lehren und Feststellungen, die in den befragten Unternehmen zutage getreten sind.

Wie die Ausführungen zu den HRO zeigen, ist es ebenfalls für Wirtschaftsunternehmen relevant,

- latente Fehler frühzeitig wahrzunehmen und
- auf unvorhergesehene Ereignisse schnell und flexibel zu reagieren.

Unter den fünf zugrunde liegenden Prinzipien befassen sich HRO konsequent mit dem Unerwarteten. Das führt dazu, dass sich unerwartete Ereignisse seltener zu ausgewachsenen Krisen entwickeln. Es bietet sich daher geradezu an, die HRO-Praktiken in bereits bestehende Krisenmanagement-Strukturen zu integrieren und in Richtung eines achtsameren Managements weiter auszubauen. Ein achtsames Management trägt zu einem besseren, proaktiven Umgang mit unsicheren Umweltbedingungen bei und stärkt die Handlungskompetenz in kritischen Situationen. Die Anweisungen in Krisenmanagement-Standards sollten so definiert sein, dass sie den Mitarbeiterinnen und Mitarbeitern eine Verhaltensorientierung sowie eine erforderliche Anpassungsfähigkeit zur Bewältigung unerwarteter Ereignisse ermöglichen. Hierfür ist es erforderlich, dass Verantwortung angemessen übertragen und den Mitarbeiterinnen und Mitarbeitern Handlungsspielräume gewährt werden.

Die Notlandung auf dem Hudson-River ist ein gutes Beispiel für eine situative und adäquate Anpassungsfähigkeit, wie die folgende Schilderung zeigt.

Notlandung auf dem Hudson River (US Airways)
Am 15. Januar 2009 kollidierte ein Airbus-Flugzeug der US Airways kurz nach dem Start in New York mit einem Vogelschwarm, wodurch beide Triebwerke ausfielen. Aufgrund der niedrigen Flughöhe von 2,818 Fuß (859 Metern) entschied sich der Pilot für eine Notwasserung und rettete damit allen 150 Passagieren und den fünf Crew-Mitgliedern das Leben (NTSB, 2010, S. 1f.). Das Besondere an diesem Fall ist, dass für diese konkrete Situation keine spezifische anzuwendende Checkliste existierte. Es gab zwar eine Checkliste für einen Triebwerkausfall, die aber erst für eine Höhe von 20.000 Fuß (6096 Metern) entwickelt wurde (NTSB, 2010, S. 52). Eine Checkliste für eine Notwasserung war ebenfalls vorhanden; sie setzt jedoch voraus, dass noch ein Triebwerk funktioniert (ebd., S. 56). Hinzu kam, dass beide Checklisten keine einheitlichen Maßnahmenschritte beinhalteten (ebd., S. 97, 121). Letztendlich hatte der Pilot wegen der geringen Flughöhe und begrenzten Zeit keine Möglichkeit, beide Checklisten komplett abzuarbeiten (ebd., S. 53, 130). Innerhalb kürzester Zeit hat er dann intuitiv die richtige Entscheidung getroffen, auf dem Hudson-River zu landen. Dank der Anpassungsfähigkeit des Piloten, der sein Handeln erfolgreich an dieser Nicht-Standard-Situation ausgerichtet hat, wurde eine Katastrophe verhindert.

Der Pilot weist damit Fähigkeiten auf, die auch in HRO einen Erfolgsfaktor beim Management des Unerwarteten darstellen. Um auf überraschende Ereignisse zu reagieren, bedarf es flexibler und situationsgerechter Handlungsmuster. Das HRO-Konzept liefert auf der Grundlage etablierter Krisenmanagement-Standards neue Impulse für eine organisationale Resilienz. In den folgenden Transferansätzen werden einige Vorschläge gemacht, die als Denkanstöße zu verstehen sind.

9.1 Lehren hinsichtlich der Konzentration auf Fehler

Durch eine *Konzentration auf Fehler* werden Abweichungen vom Normalzustand frühzeitig wahrgenommen, bevor sie sich zu größeren Problemen verdichten. Zu diesem Zeitpunkt stehen noch mehr Handlungsoptionen zur Abwendung potenzieller Krisen zur Verfügung. Die folgenden Maßnahmen helfen Ihnen dabei, schwache Signale wahrzunehmen, die auf unerwartete Situationen hindeuten.

Verdeutlichen Sie sich, welche Bereiche zu schützen sind.
Zunächst muss klar definiert sein, was konkret zu schützen ist. Die Orientierung an sogenannten *Assets* kann helfen, sich einen ersten Überblick über die Bereiche zu verschaffen, die fehlerfrei funktionieren sollen. Unter *Assets* werden die für den Geschäftserfolg relevanten Ressourcen verstanden, die trotz vorhandener Bedrohungen für das Business nutzbar sein und daher erhalten werden müssen. Die schützenswerten Bereiche des Unternehmens lassen sich in drei generelle Gruppen einteilen: Personen, materielle Güter (Produkte, Gebäude, Rohmaterial) und immaterielle Werte (Innovationen, Marken, geistiges Eigentum), die je nach Unternehmensbranche zu spezifizieren sind (Harrer, Mille & Gleich, 2013, S. 17).

Einen wichtigen Unternehmenswert stellt z. B. das Know-how dar, das vor Spionageaktivitäten zu schützen ist. Die Identifikation geschäftskritischer „Kronjuwelen“, die dem Unternehmen einen Wettbewerbsvorteil verschaffen, ist der erste bedeutende Schritt, um diese vor möglichen Angriffen zu schützen. Zu diesen wertvollen Informationen zählen z. B. Forschungsergebnisse, Projektplanungen, Konstruktionspläne oder Kundenlisten. Erst nach der genauen Ermittlung stellt sich die Frage nach denkbaren Worst-Case-Szenarien und einer geeigneten Abwehrstrategie, die in Schutzplänen festgehalten werden sollten.

Ermitteln Sie gedanklich potenzielle Krisen (Antizipation).
Für die Erstellung eines Krisenportfolios bietet es sich an, einen Blick auf die verschiedensten Auslöser von Krisen zu werfen, damit eine möglichst umfangreiche Realitätskonstruktion von Gefährdungen in Betracht gezogen wird. Zusätzlich sollten das geteilte Wissen und die geteilten Annahmen von Mitarbeiterinnen und Mitarbeitern über eine Situation zu einer realitätsnahen Abbildung der Gefährdungen einbezogen werden. Geeignete Methoden zur Identifikation potenzieller Krisenauslöser stellen z. B. Kreativitätstechniken wie Brainstorming oder die Szenario-Technik dar (Dreyer, Dreyer & Obieglo, 2001, S. 31). Generell lassen sich die Auslöser von Krisen nach dem Krisenexperten Ian Mitroff wie folgt klassifizieren.

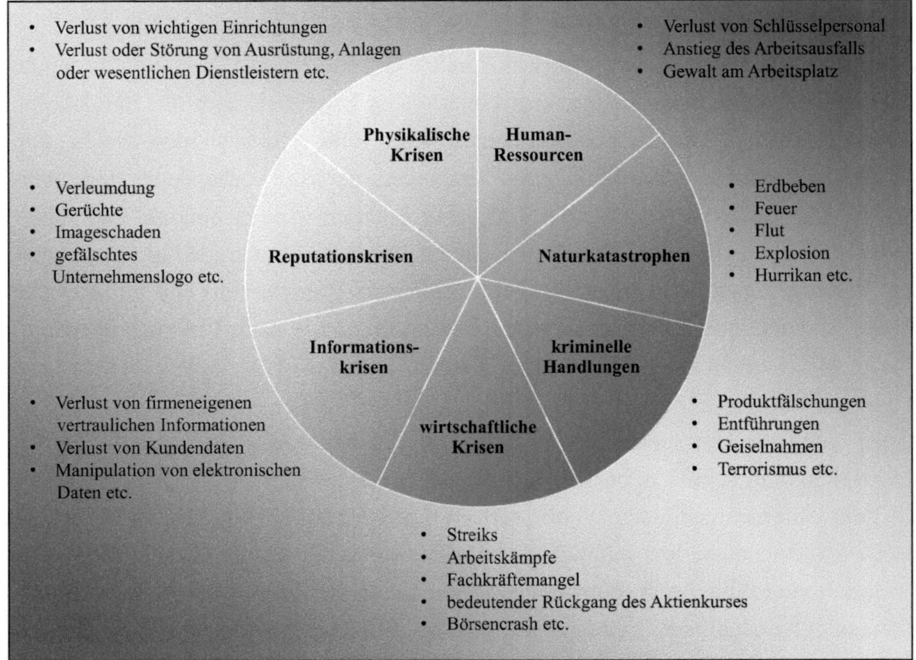

Abb. 22: Auslöser von Krisen (Mitroff, 2001, S. 34f.; eigene Übersetzung).

Entwickeln Sie Instrumente zur Frühwarnung.

Ähnlich eines Risikoradars unterstützen Frühwarnsysteme dabei, schwache Signale potenzieller Krisen zu antizipieren, damit Überraschungsmomente frühzeitig erkannt und ihnen gegengesteuert werden kann. Die Grundidee basiert auf dem von Igor Ansoff entwickelte Konzept der schwachen Signale (Weak-Signal-Management), das davon ausgeht, dass sich Diskontinuitäten im Unternehmensumfeld durch schwache Signale ankündigen (Ansoff, 2008, S. 62). Diese Signale können aus unterschiedlichen Quellen stammen. Aus der folgenden Abbildung geht hervor, dass sich Signale in zwei Schlüsseldimensionen unterscheiden. Die erste Dimension betrifft die Quelle (intern oder extern), die zweite nimmt Bezug auf die Art des Signals (technisch oder menschlich). Aus deren Kombination ergeben sich vier Möglichkeiten:

- interne technische Signale (interne, durch technische Instrumente aufgezeichnete Signale)

- interne menschliche Signale (interne, durch menschliche Hinweise wahrgenommene Signale)
- externe technische Signale (externe, durch technische Instrumente aufgezeichnete Signale)
- externe menschliche Signale (externe, durch menschliche Hinweise wahrgenommene Signale)

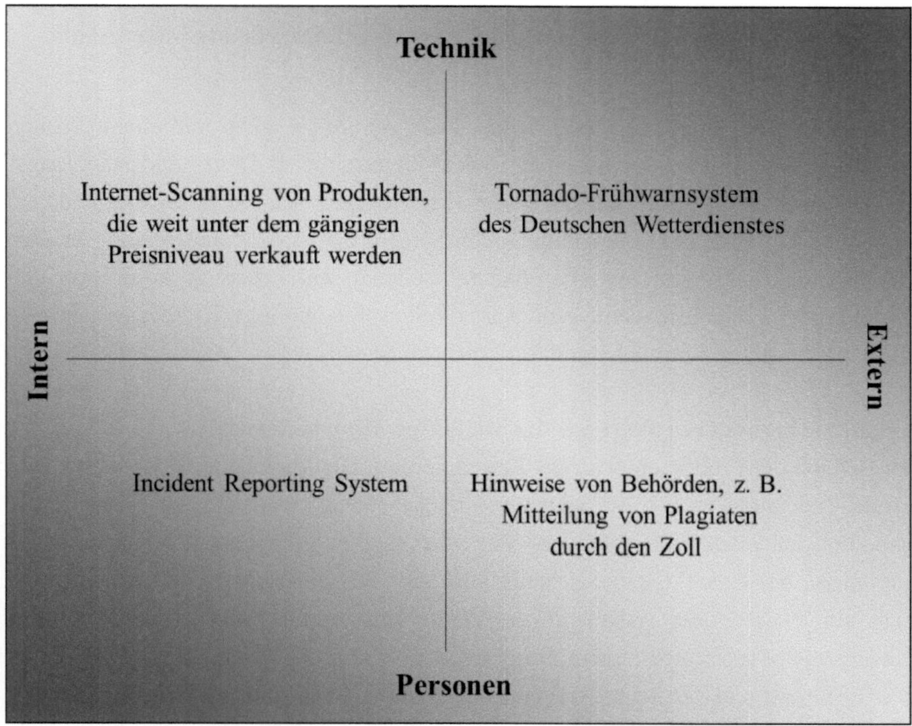

Abb. 23: Dimensionen von Signalen (Darstellung angelehnt an Mitroff, 2004, S. 72).

Im ersten Schritt empfiehlt es sich, pro identifiziertem Krisenauslöser (vgl. Abbildung 22) Indikatoren je Dimension zu ermitteln. Daraufhin sollte mittels einer geeigneten Methode festgelegt werden, auf welche Art und Weise die Indikatoren beobachtet werden. Beispielsweise wird anhand der Anzahl von registrierten Beinahe-Unfällen in einem Incident-Reporting-System ersichtlich, welche Störungen in der Vergangenheit bereits aufgetreten sind, die ein Anzeichen für eine sich ankündigende Krise sein können. Im optimalen Fall wird ein 360-Grad-Radar erzeugt, mit dem Ziel, alle schwachen Signale aus der Unternehmensumwelt zu identifizieren. Aus Kostengründen erscheint es jedoch angebracht, sich auf wesentliche Beobachtungsbereiche zu konzentrieren. Als Minimum sollte für jeden Auslöser von Krisen jeweils ein wahrscheinliches Worst-Case-Szenario identifiziert werden (vgl. Abbildung 22), für das alle soeben erläuterten vier Arten schwacher Signale aufgespürt werden.

9.2 Lehren hinsichtlich der Abneigung gegen vereinfachende Interpretationen

Eine *Abneigung gegen vereinfachende Interpretationen* geht mit einem breiten Spektrum von Annahmen und einer Vielzahl menschlicher Denk- und Handlungsweisen einher. Ein großes Ausmaß von Erwartungen, Skepsis und Befürchtungen erweitert den Blick auf potenzielle Gefährdungen, die zu beobachten sind. Anlässe für unerwartete Ereignisse werden dadurch seltener. Zur Erfassung komplexer und dynamischer Ereignisse werden umfassende Sensoren benötigt. Hierbei wirken sich die nachgenannten Empfehlungen förderlich für Sie aus.

Legen Sie besonderen Wert auf das vielfältige Mitarbeiterwissen.
Im Bereich der Früherkennung von Krisen kommt geteilten mentalen Modellen eine große Bedeutung zu. „Unter einem mentalen Modell kann man die Summe aller handlungsleitenden Konzepte verstehen, die sich auf Personen, Situationen und Ereignisse beziehen." (Badke-Schaub, 2012, S. 130) „Im engeren Sinne handelt es sich um Wissen über Arbeitsprozesse und Rahmenbedingungen, das Mitglieder einer gemeinsamen arbeitenden Gruppe teilen." (von der Weth, 2012, S. 35). Die Verfügbarkeit und der Austausch von Informationen sind von zentraler Bedeutung, um vereinfachende Interpretationen der Realität zu vermeiden, denn geteilte mentale Modelle werden weitgehend über Informationsaustausch entwickelt (Badke-Schaub, 2012, S. 130).

Die Beschränkung auf technisch ausgerichtete Frühwarnsysteme kann bei den Nutzerinnen und Nutzern zu Problemen des Situationsbewusstseins führen. Trotz angemessener Überwachung und aller verfügbarer Informationen wird aufgrund der Komplexität oder des mangelnden Wissens des Nutzers automatisierter Systeme kein korrektes mentales Modell der Sicherheitslage entwickelt (Manzey 2012, S. 344). In diesem Fall werden Informationen falsch interpretiert, und latente Krisensignale werden nicht erkannt. Aus diesem Grund sind darüber hinausgehende Möglichkeiten in Betracht zu ziehen, um das implizite Mitarbeiterwissen über latente Krisen in explizites zu transformieren. So können schwache Signale aus allen vier Bereichen (vgl. vorherige Abbildung 23) rechtzeitig bemerkt werden. Wertvolle Früherkennungsinformationen können beispielsweise durch Monitoring-Projektteams oder Incident-Reporting-Systeme offengelegt werden. Von zusätzlichem Vorteil sind z. B. Wissensmanagement-Systeme, die Informationen aus internen und externen Quellen in einer Wissensdatenbank online zur Verfügung stellen. Auf diese Weise wird die Früherkennung auf viele Schultern verteilt, da jeder Mitarbeitende nach seinen persönlichen Arbeitsschwerpunkten Informationen generieren kann. Durch eine sogenannte Gatekeeper-Funktion werden zusätzlich strategisch relevante Themen und Spezialgebiete von mehreren Mitarbeitenden parallel überwacht und beurteilt (Issing, 2003, S. 50f.).

Achten Sie genau darauf, wie sich die eigenen Erwartungen auf die Wahrnehmung auswirken.
„Erwarte das Unerwartete!“, denn oftmals bestehen die Gefahren ausgerechnet dort, wo wir es kaum erwarten. Bisher gültige Anschauungen sind zu hinterfragen und aus neuen und unterschiedlichen Perspektiven zu betrachten. "Visionen und Vorstellungskraft bringen uns manchmal in Welten, die es gar nicht gibt. Aber ohne sie kämen wir nirgends wohin!“ Diese Aussage stammt von dem Astrophysiker Carl Sagan und regt zum Querdenken an. Die Mitarbeiterinnen und Mitarbeiter sind sowohl gefordert, neue Lösungen zu entwickeln als auch bisherige und neue Bedingungen zweckmäßig zu verbinden. Eine gewisse Kritikfähigkeit, Flexibilität sowie Offenheit für abweichende Wirklichkeitsmodelle sind dabei Grundvoraussetzung.

Seien Sie sich der Grenzen etablierter Risikomanagement-Systeme bewusst.
Risikomanagement-Systeme (RMS) sind heute in der Praxis nicht mehr wegzudenken. Jedoch führt der Versuch, das Unerwartete zu kontrollieren und zu beherrschen, zu einem Verlust des eigenen Vorstellungsvermögens. Es besteht die Gefahr achtloser Verhaltensweisen, weil die Risikoanalysen implizite Erwartungen an die Zukunft richten. Zukunftsaussagen sind jedoch nur begrenzt vorhersehbar und führen zum Ausschluss bestimmter Gefährdungen. Das birgt die Gefahr, sich in falscher Sicherheit zu wiegen, da die Risiken des Alltags unterschätzt werden bzw. man sich blind auf die eingeschränkten Annahmen verlässt. Hinzu kommt, dass die Risikoneigung Gefahren einzugehen umso höher scheint, je sicherer sich der Mensch fühlt (Schaub, o. J., S. 13). Aus diesen Gründen ist es ratsam, kreativen Ideen und Problemlösungs-

strategien im Unternehmen Raum zu geben, um den negativen Tendenzen etablierter RMS entgegenzuwirken.

9.3 Lehren hinsichtlich der Sensibilität für betriebliche Abläufe

Die *Sensibilität für betriebliche Abläufe* ist eine der wichtigsten Aufgaben, um die Sicherheit im Unternehmen zu steigern. Sie erhöht den Wissensstand über die aktuellen innerbetrieblichen Abläufe im gesamten Unternehmen. Eine detaillierte Betrachtung der Betriebsabläufe ermöglicht es, eine Vielzahl von geringfügigen Fehleinschätzungen und Fehlern festzustellen, die normalerweise unerkannt bleiben und sich dadurch vervielfachen. Zur Förderung der Sensibilität tragen die folgenden Empfehlungen bei.

Fördern Sie das Bewusstsein der eigenen Vulnerabilität.
Der Begriff *Sensibilität* umfasst im Kontext von Sicherheit alle Faktoren, die das menschliche Verhalten im Unternehmen sowie den Umgang mit sicherheitsrelevanten Themen beeinflussen (Helisch & Pokoyski, 2009, S. 12). Häufig beschränkt sich das Thema auf den Bereich der Informationssicherheit. Wie bereits erwähnt, stellen Informationskrisen jedoch nur einen Auslöser von mehreren denkbaren Krisen dar (vgl. Abbildung 22). Daneben sollten daher alle Verwundbarkeiten betrachtet werden, da ein solches Bewusstsein umfangreichere Lernmöglichkeiten erzeugt. Trotz bestehender Sicherheitssysteme sollten alle Mitarbeiterinnen und Mitarbeiter auf Überraschungen gefasst sein.

Beachten Sie alle Einflussfaktoren auf das Sicherheitsbewusstsein.
Eine optimale Sicherheit und damit Wertschöpfung ist nur möglich, wenn der Faktor Mensch bei der Anwendung von Technik mit einem umfassenden Sicherheitsbewusstsein agiert. Dieses entsteht erst durch das Zusammenspiel von Wissen, Können und Wollen, wie die folgende Abbildung zeigt. Das *Wissen* umfasst die Gesamtheit aller Prozesse, die mit dem Wahrnehmen und Erkennen zusammenhängen: „Ich habe die Situation erkannt, verstanden und weiß, was zu tun ist". Das *Wollen* bezeichnet die Einstellungsabsicht: „Ich möchte mich sicherheitskonform verhalten". Hingegen ist das *Können* vom Arbeitsumfeld abhängig: „In meinem organisatorischen Umfeld ist sicherheitskonformes Handeln grundsätzlich möglich." (Helisch & Pokoyski, 2009, S. 11). Erst wenn alle drei Bedingungen erfüllt sind, jedes Zahnrad ineinandergreift, kann Sicherheitsbewusstsein entstehen.

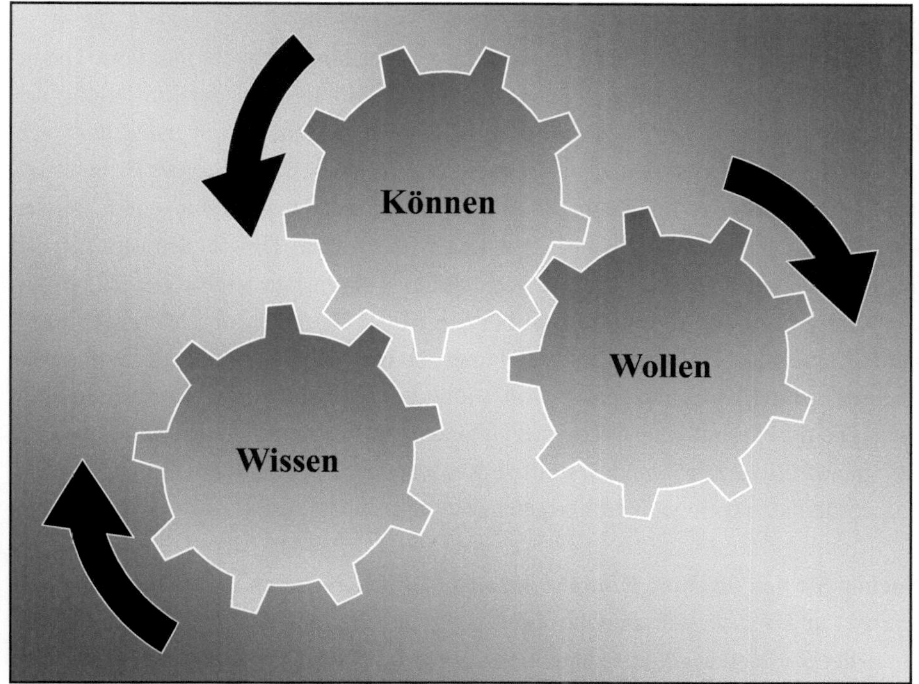

Abb. 24: Einflussfaktoren auf die Sensibilität (eigene Darstellung).

Überzeugen Sie die Führungsebenen von der Sinnhaftigkeit sicherheitsbewussten Verhaltens.

Eine Grundvoraussetzung für sicherheitsbewusstes Verhalten ist die Überzeugung des Managements von dessen Sinnhaftigkeit. Es scheint so, dass bei diesem Thema noch viel Handlungsbedarf besteht. Laut der Sicherheitsstudie 2012 von <kes>-/Microsoft (Hohl, 2012) beklagen 56 Prozent der Befragten ein fehlendes Bewusstsein und mangelnde Unterstützung des Top-Managements für das Thema Informationssicherheit. Auch beim mittleren Management zeigt das Ergebnis von 49 Prozent ein ähnliches Defizit. Erst wenn das Management von der Sinnhaftigkeit überzeugt ist, werden Ressourcen und Budget für Sicherheitspersonal und -maßnahmen bereitgestellt. Um der Führung das Thema nahezubringen, ist z. B. die Durchführung von Krisenstabsübungen eine sehr wirkungsvolle Methode. Im Rahmen dieser Übungen werden gemeinsame Arbeitserfahrungen für den Ernstfall gesammelt. Zudem liefern sie Erkenntnisse über die Fähigkeiten der Krisenteammitglieder und zeigen weiteres Verbesserungspotenzial auf.

Steigern Sie den Stellenwert für das Thema Sicherheit.
Ob die Mitarbeiterinnen und Mitarbeiter im Unternehmen erreicht und vom Thema Sicherheit überzeugt werden können, hängt zum Großteil von der Einstellung der Führungsebenen ab. Die <kes>-/Microsoft-Sicherheitsstudie ist ein Indiz, dass sich infolge der geringen Führungsverantwortung ein nachlässiges Sicherheitsbewusstsein weiter fortsetzt. Insgesamt 64 Prozent der Befragten äußerten ein fehlendes Bewusstsein bei den Mitarbeiterinnen und Mitarbeitern. Der Stellenwert für das Thema Sicherheit kann durch eine vorbildliche Führung gesteigert werden, da sie die Achtsamkeit und die Motivation bei den Mitarbeiterinnen und Mitarbeitern erhöht. Ein erster Schritt in diese Richtung ist beispielsweise eine unterzeichnete Security- und Krisenmanagement-Policy durch ein Mitglied der Unternehmensleitung. Die dort vermittelten Werte des Unternehmens müssen von den Führungskräften glaubwürdig gelebt und vermittelt werden und nicht nur die Darstellung der abgeforderten und eingeübten Verhaltensweisen widerspiegeln.

Suchen Sie den direkten Kontakt mit den Mitarbeiterinnen und Mitarbeitern.
Die Art und Weise, wie aktuelle Informationen weitergegeben werden, ist für den Grad der Aufmerksamkeit maßgeblich. Wissen allein reicht nicht immer aus, um Menschen vom tatsächlichen Nutzen einer Sache zu überzeugen. Das Veröffentlichen von Anordnungen bzw. Richtlinien ohne jede weitere Erläuterung führt selten zu einem achtsamen Verhalten. Am wirkungsvollsten können Einstellungen und Verhaltensweisen beeinflusst werden, wenn nicht nur vermittelt wird, was zu tun ist, sondern auch nachvollziehbar gemacht wird, aus welchem Grund es notwendig erscheint. Durch den direkten Kontakt können Mitarbeiterinnen und Mitarbeiter zum Zuhören und Verstehen angeregt werden. Dabei sollten die Folgen einer Handlung bzw. Nichthandlung offen kommuniziert werden und mit den aktuellen persönlichen Zielen eines Menschen in Verbindung gesetzt werden.

9.4 Lehren hinsichtlich dem Streben nach Flexibilität

Das *Streben nach Flexibilität* ermöglicht es, negative Vorkommnisse abzufedern und in einen Vorteil zu verwandeln. Nach einer Krise wird nicht nur die ursprüngliche Leistungsfähigkeit wiederhergestellt, sondern weiter ausgebaut. Negative Erfahrungen werden zum Neuerwerb von Wissen genutzt und als Chance zum Lernen aufgegriffen. Die nötige Flexibilität kann durch folgende Maßnahmen ausgebaut werden:

Führen Sie systematische Ereignisanalysen zeitnah nach jedem Ereignis durch. Ereignisanalysen werden zur Identifikation der Faktoren durchgeführt, die zur Entstehung des Vorfalls beigetragen haben. Auf Basis einer umfassenden Analyse werden Maßnahmen festgelegt, die zu einer Veränderung der Handlungen, der mentalen Modelle oder der grundlegenden Annahmen führen sollen (Fahlbruch & Förster, 2010, S. 26). Um ein systematisches Vorgehen zu gewährleisten, können im Rahmen einer Ereignisuntersuchung drei Leitfragen zur Strukturierung eingesetzt werden:

1) Was ist das Problem? (Soll- vs. Ist-Zustand)
2) Warum ist es aufgetreten? (Ursachen)
3) Was wird getan, um es in Zukunft zu verhindern? (Lessons Learned)

Die folgende Abbildung zeigt das Grundschema der systematischen Ereignisanalyse auf.

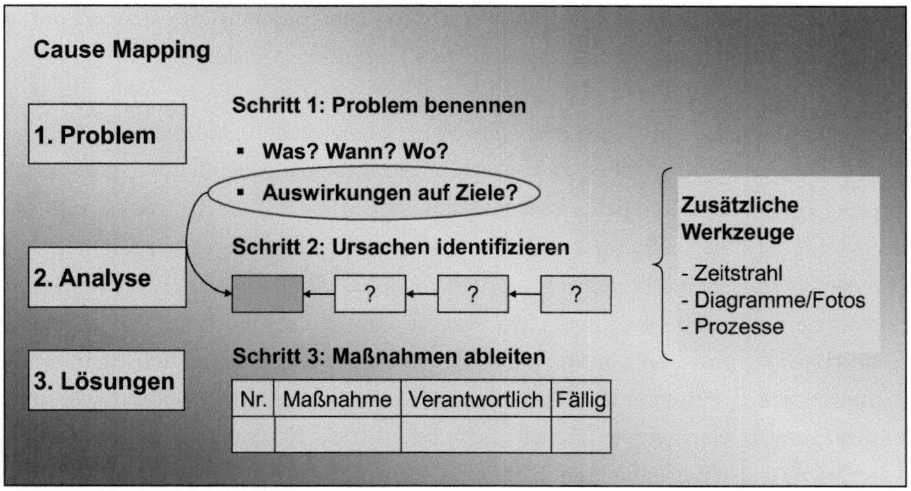

Abb. 25: Ereignisanalyse (eigene Darstellung).

Mittels dieser Schritte werden im Rahmen eines „Cause Mappings" (Horn, 2010, S. 162ff.) nicht nur das offensichtliche Problem identifiziert, sondern tiefgreifendere Ursache-Wirkung-Zusammenhänge verdeutlicht. Gegenstand der Betrachtung ist die Auswertung eines realen Vorfalls, um aus diesem gemeinsam zu lernen. Es wird ein gegenseitiges Bewusstsein aller Beteiligten z. B. über den Ablauf der Krisenbewältigung oder die Verantwortungsstruktur geschaffen. Der Erfahrungsaustausch über die Krisenintervention aus Sicht aller Involvierten trägt zur besseren Bewältigung zukünftiger ähnlicher Ereignisse bei und/oder verhindert bestenfalls deren Eintritt.

Fördern Sie einen offenen und ehrlichen Meinungsaustausch.
Die Reflexion von Erfahrungen und Fehlern ist zentral für die Steigerung der organisationalen Resilienz. Aus dem Austausch relevanter Informationen und dem Verstehen unterschiedlicher Sichtweisen erwächst ein gemeinsamer Sinn über bedrohliche Ereignisse. Die Wirksamkeit der Nachbesprechung hängt dabei von der Qualität des Reflexionsprozesses ab. Die Analyse des Ereignisses, das Überdenken des eigenen Handelns und die sich anschließende Optimierung setzen dabei ein gewisses Vertrauen voraus, damit die tatsächliche Erfahrung und Wahrnehmung aller Beteiligten offengelegt werden kann. Hierzu sind die Rechte Einzelner zu respektieren, die Teilnehmerinnen und Teilnehmer gleichberechtigt zu behandeln und Verständnis auf individueller, Team- und Unternehmensebene herbeizuführen. Zusätzlich kann das Lernpotenzial durch adäquates Geben von Feedback gesteigert werden. Das Team erhält eine offene Rückmeldung über das wahrgenommene Verhalten durch eine andere Person, was u. a. den persönlichen Lernprozess fördert.

Sorgen Sie für eine unternehmensweite sicherheitsbezogene Kommunikation.
Das Thema Sicherheit sollte in die arbeitsbezogene Kommunikation permanent Eingang finden. Um eine Sicherheitskultur positiv zu beeinflussen, sind u. a. Informationen über potenzielle oder reale Vorkommnisse zu generieren, zu sammeln, zu analysieren und zu verbreiten (Fahlbruch, Schöbel & Marold, 2012, S. 34). Die Ergebnisse der Nachbesprechung bzw. Ereignisanalyse, einschließlich geplanter und umgesetzter Verbesserungsmaßnahmen, eignen sich sehr gut, um sicherheitsrelevante Informationen zu verbreiten. In Form von Lessons Learned und über Dokumentenmanagement-Plattformen können die wesentlichen Erkenntnisse einem weiten Adressatenkreis zeitnah zugänglich gemacht werden.

9.5 Lehren hinsichtlich des Respekts vor fachlichem Wissen und Können

Respekt vor fachlichem Wissen und Können fördert einen hierarchieübergreifenden, transparenten Informationsfluss. Es entsteht ein gemeinsames mentales Modell zwischen allen Unternehmensebenen, was das Treffen unvollständiger oder falscher Entscheidungen vermindert. In Ad-hoc-Situationen fördert die Delegation der Entscheidungsbefugnis auf die operative Ebene eine schnelle und erfolgreiche Krisenreaktion. Für die Krisenstabsarbeit können sich die folgenden Empfehlungen als nützlich für Sie erweisen.

Besetzen Sie alle Positionen nach nötiger Kompetenz.
Die Aufgabenverteilung und die Verantwortung zwischen den Krisenstabsmitgliedern sollten vorab eindeutig festgelegt sein und sich nach der Kompetenz richten. Jede Krisenstabsfunktion sollte von derjenigen Person wahrgenommen werden, die sich hinsichtlich der Krisenbewältigung am besten mit dem Aufgabengebiet auskennt. Das bedeutet, dass Know-how und Erfahrung mehr Wertschätzung erhalten als die hierarchische Stellung.

Achten Sie auf schlanke Organisationsstrukturen.
Der Aufbau des Krisenstabs sollte so schlank wie möglich gehalten werden, damit eine schnelle und reibungslose Arbeitsfähigkeit gewährleistet ist. Aus diesem Grund sollte sich der Krisenstab je nach Erfordernis aus einem ständigen Kernteam und einem erweiterten Expertenkreis aus den verschiedenen Fachabteilungen zusammensetzen. Es sollten Vertreter der Bereiche *Recht, Finanzen, Personal, Sicherheit* und *Kommunikation* involviert werden, da diese in der Regel von einer Krise betroffen oder an deren Bewältigung beteiligt sind.

Etablieren Sie geeignete dezentrale Organisationsstrukturen.
Das Krisenmanagement sollte sowohl auf zentraler als auch dezentraler Ebene Regelungen treffen. Je nach Unternehmensstruktur kann es beispielsweise auf den vier Ebenen des Konzern, der Regionen, der Divisionen und der lokalen Ebene etabliert werden. Das Management auf der jeweiligen Ebene ist grundsätzlich für alle Maßnahmen und die hieraus resultierenden Folgen verantwortlich.

Schaffen Sie unternehmensweite einheitliche Entscheidungsstrukturen.
Sowohl auf zentraler als auch dezentraler Ebene sollten Krisenstäbe eingerichtet werden, die einheitlich organisiert und abgestimmt sind. Auf jeder Ebene sollte die Umsetzung des Krisenmanagements auf den zwei Stufen *Entscheidungsebene* und *ausführende Ebene* stattfinden. Der Entscheidungsebene obliegt dabei die vom Management übertragene unternehmerische Verantwortung, zu deren Hauptaufgaben das Treffen übergeordneter strategischer Entscheidungen zählt. Die ausführende

Ebene ist hingegen für die operative Umsetzung verantwortlich und berät die Entscheidungsebene fachlich.

Legen Sie das am besten geeignete Führungsmodell des Krisenstabs fest.
Auf Basis der unternehmerischen Organisations- und Entscheidungsstrukturen ist das am besten geeignete Führungsmodell des Krisenstabs zu bestimmen. Entweder kann die Unternehmensführung Mitglied und zugleich Leitung des Krisenstabs sein. Oder sie ist nicht im Krisenstab vertreten und überträgt die Leitung an eine andere erfahrene Person. Die zweite Möglichkeit zeugt von einem großen Vertrauen des Vorstandes/der Geschäftsführung in die Kompetenz hierarchisch untergeordneter Mitarbeiterinnen und Mitarbeiter.

Übertragen Sie Entscheidungsbefugnisse auf die unterste Ebene.
Eine Übertragung von Entscheidungsbefugnissen an die jeweils kleinste organisatorische Einheit ist im Verlauf der Krisenbewältigung empfehlenswert. Diese Festlegung ist von Relevanz, da eine Übertragung von Entscheidungsbefugnissen die Informations- und Entscheidungswege während der Krisenbewältigung verkürzt. Eine zentrale Steuerung sollte erst bei komplexen Sicherheitslagen mit zu erwartender Außenwirkung erfolgen. Hingegen sollten Vorkommnisse mit Auswirkungen auf interne Geschäftsprozesse im Zuständigkeitsbereich der Lokalverantwortlichen liegen. Die dezentrale Regelung berücksichtigt das höhere Sachwissen über örtliche Gegebenheiten oder produktspezifische Probleme.

Sorgen Sie für flexible Entscheidungsfindungen.
Die Herbeiführung von zu treffenden Maßnahmen zwischen den Krisenstabsentscheidern und den Mitgliedern des Krisenstabs kann weitgehend nur durch Delegation erfolgen. Insbesondere komplexe Lagen sollten in gegenseitigem Einvernehmen mit allen Krisenteammitgliedern beraten und bewältigt werden, da diese Form der partizipativen Entscheidungsfindung den Aufbau eines umfassenden Situationsbewusstseins fördert. In geübten Krisenstäben ist z. B. von einer „70:20:10-Regel“ die Rede. Demnach werden 70 Prozent der Entscheidungen von den Krisenteammitgliedern ohne Rücksprache mit dem Krisenstabsverantwortlichen direkt umgesetzt, 20 Prozent der Entscheidungen werden als Beschlussvorlage vorgetragen und 10 Prozent der Entscheidungen werden vom Krisenstabsverantwortlichen ohne Mitwirkung anderer Krisenteammitglieder direkt getroffen (Schnauber & Horn, 2008, S. 300f.).

10 Zusammenfassung und Ausblick

Das vorliegende Buch hat sich mit der aus der verlässlichkeitsorientierten Forschung stammenden High-Reliability-Theorie (HRT) beschäftigt und Einsichten in diesen Ansatz vermittelt. Ziel dieser Publikation war es, die Erklärungsansätze der HRT in Wirtschaftsunternehmen zu identifizieren und mittels einer empirischen Untersuchung der Frage nachzugehen, inwieweit diese Ergebnisse übertragbar sind.

Zu diesem Zweck wurden in Kapitel 3 Grundbegriffe definiert sowie verwandte Begriffe gegenübergestellt. In Kapitel 4 wurde der theoretische Bezugsrahmen der HRT, das Konzept der gemeinsamen Achtsamkeit, dargestellt. Darauffolgend wurde in Kapitel 5 der wissenschaftliche Forschungsstand vorgestellt. Auf der Grundlage der theoretischen Erkenntnisse wurden der Zusammenhang zwischen dem Krisenmanagement und der HRT dargelegt und eine erste Präzisierung der Untersuchungsinhalte vorgenommen. Zur Dokumentation der intersubjektiven Nachvollziehbarkeit wurden in Kapitel 6 die Grundlagen der empirischen Untersuchung erarbeitet. Die Frage, ob und in welchem Maße die HRT im Rahmen des Krisenmanagements Verwendung findet, war Gegenstand des empirischen Teils der Arbeit (Kapitel 7). Anhand von Experteninterviews u. a. mit Leitern und Fachreferenten der Corporate Security verschiedener Unternehmen wurde eine Reihe von Umsetzungspraktiken festgestellt, die Schlussfolgerungen auf eine Übertragbarkeit des Konzeptes erlauben. In Kapitel 8 wurden die zentralen Ergebnisse der Befragungen ausgewertet, die sich wie folgt zusammenfassen lassen:

Früherkennungsmethoden

Im Rahmen des aktiven Krisenmanagements existieren Früherkennungsmethoden zur Identifikation potenzieller sicherheitskritischer Ereignisse in der Entstehungsphase. Durchweg alle eingesetzten Systeme basieren auf dem Rückgriff auf technische, automatisierte Systeme, während das Mitarbeiterwissen nicht durchgehend zur Früherkennung genutzt wird.

Informationsgewinnung

Fast alle Befragten nutzen zur Krisenfrüherkennung die unterschiedlichsten Informationen. Diese Unternehmen suchen aktiv nach Informationen, um so vereinfachende Interpretationen der Realität zu vermeiden. Unterschiede bestehen in der

Methodenwahl. Je nach Fall werden verschiedene effektive Bedingungen geschaffen, um einen vielfältigen Wissensaustausch zu erreichen.

Sensibilisierung
Fast alle der analysierten Unternehmen setzen sich bewusst mit dem Krisenmanagement auseinander. Die Mitarbeiterinnen und Mitarbeiter im Unternehmen werden für mögliche Krisenpotenziale sensibilisiert. Der praktische Wissens- und Informationsaustausch über das Krisenmanagement richtet sich jedoch hauptsächlich auf die Handlungsabläufe fachlicher Fähigkeiten, und Trainingsmaßnahmen zur Förderung überfachlicher Kompetenzen unterbleiben fast durchgängig.

Lernprozesse
Die Nachbereitung von Krisen ist integraler Bestandteil des Krisenmanagements. Nach jedem außergewöhnlichen Ereignis finden ausführliche Lernprozesse statt. Einerseits werden erlebte Situationen in gemeinsamen Besprechungen des Krisenteams aufgearbeitet und analysiert, um Optimierungspotenzial zu erkennen und umzusetzen. Andererseits richtet sich der Ablauf der Zusammenkünfte in den meisten der Untersuchungsfälle nach keiner bestimmten Strategie, und strukturierte Fehlererfassungssysteme werden bis auf wenige Ausnahmen nicht eingesetzt.

Entscheidungsfindung
Das Krisenmanagement ist in allen der untersuchten Fälle auf mehreren Unternehmensebenen etabliert, was eine dezentrale Entscheidungsfindung zulässt. Im Rahmen der Ereignisbewältigung können die Mitarbeiterinnen und Mitarbeiter vorwiegend eigenverantwortlich Entscheidungen treffen, auch ohne eine hierarchisch herausgehobene Position im Team einzunehmen. Während der Krisenintervention werden interdisziplinär besetzte Krisenstäbe aus verschiedensten Fachbereichen gebildet. Zweckmäßige Verfahren zur richtigen Besetzung der Krisenteams nach nötiger Kompetenz sind jedoch nicht vorzufinden.

Abschließend kann festgehalten werden, dass die eingangs gestellte Frage: „Finden sich bei den Unternehmen dieselben Muster, die auch zur Sicherheit in den HRO beitragen?“ bejaht werden kann. Die HRT lässt verschiedene Schlussfolgerungen auf das Krisenmanagement in Wirtschaftsunternehmen zu, was für eine Übertragbarkeit des Konzeptes spricht.

Basierend auf den empirischen Ergebnissen befasste sich Kapitel 9 mit Transferansätzen für das Krisenmanagement. Es wurden Möglichkeiten aufgezeigt, mit denen die Umsetzung von HRO-Praktiken entlang eines ganzheitlichen Krisenmanagements gefördert werden kann.

Die Ergebnisse der Untersuchung machen deutlich, dass jedes Unternehmen von plötzlich unerwarteten Ereignissen tangiert werden kann. Es zeigte sich allerdings auch, dass keiner der Betroffenen diesen kritischen Ereignissen schutz- und wehrlos ausgeliefert war. Aufgrund einer gewissen Resilienz wurden Krisen erfolgreich bewältigt. Diese Resilienz gilt es weiterhin auszubauen, um auch zukünftigen Herausforderungen gewachsen zu sein. Das HRO-Konzept stellt hierfür ein Rahmenwerk zur Verfügung, das Unternehmen befähigt, sich schnell wandelnden Umweltbedingungen anzupassen, Krisen als Chance zu betrachten und gestärkt aus ihnen hervorzugehen. Unternehmen, in denen kontinuierlich

- kleinere Fehler und Störungen aufgedeckt werden,
- Vereinfachungen widerstanden wird,
- ein feines Gespür für betriebliche Abläufe entwickelt wird,
- Flexibilität bewahrt wird und
- das Wissen hierarchisch untergeordneter Mitarbeiterinnen und Mitarbeiter genutzt wird,

sind resilienter gegenüber unerwarteten Ereignissen. Sie erzeugen einen kollektiven Zustand der Achtsamkeit, der sie befähigt, Bedrohungen vorherzusehen (Antizipation) und notfalls angemessen darauf zu reagieren (Eindämmung). Durch Sensoren können komplexe dynamische Ereignisse erfasst werden, die darauf hinweisen, dass sich das System in eine unerwartete Richtung bewegt. Um auf eine sich ständig verändernde Bedrohungslage flexibel zu reagieren, können vielfältigste Informationen nützlich sein, die nicht unbemerkt gelassen oder vernachlässigt werden dürfen. Dank der wahrgenommenen und verarbeiteten Informationen könnten Fehlerquellen an den Schnittstellen Mensch, Technik und Organisation frühzeitig erkannt werden. Insgesamt fördert die Achtsamkeit die Abwendung von Krisen, die zu einer Störung der eigenen Leistungserbringung führen können. Das Unternehmen ist in der Lage, eine zuverlässige und beständige Leistung gegenüber seinen Kunden bereitzustellen, die eben nicht durch unerwartete Ereignisse beeinträchtigt wird. Die folgende Abbildung stellt die Zusammenhänge überblicksartig dar.

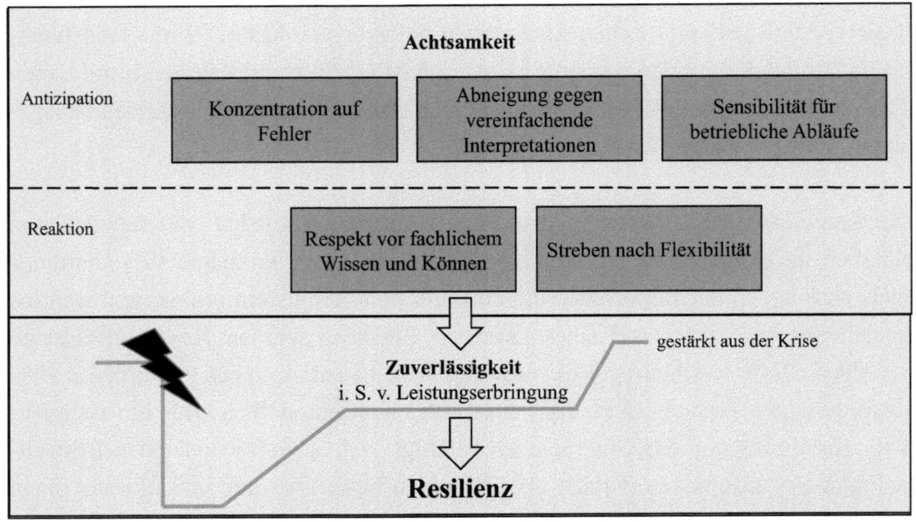

Abb. 26: Förderung von Resilienz durch Achtsamkeit (eigene Darstellung).

Auch bei unerwarteten Ereignissen, wie das Eingangsbeispiel von Fukushima zeigt, könnte die Anwendung der HRO-Prinzipien zu einem besonders hohen Sicherheitsniveau beitragen. Der Atomkraftbetreiber *Tepco* hat dies zwischenzeitlich erkannt und seine bisherige Sicherheitspolitik überdacht. Um zukünftige Ereignisse wie die Katastrophe von Fukushima zu verhindern, möchte sich *Tepco* zu einer Organisation mit höchstem Sicherheitsbewusstsein entwickeln (TEPCO, 2012, S. 4). Dieser Meinungswandel zeigt sich in einer umfassenden Aufarbeitung der Ursachen und Hintergründe des Atomunglücks. Im Oktober 2012 gestand *Tepco* seine fehlerhafte Politik und revidierte seine ursprüngliche Behauptung, die Ereignisse seien unvorhersehbar gewesen. In einem Bericht gibt *Tepco* erstmals offiziell zu, dass nicht alles getan wurde, um auf einen solchen Unfall vorbereitet zu sein: Es hätten bessere Maßnahmen zur Vermeidung von Tsunami-Schäden ergriffen, und ein Reaktionsplan für einen Unfall hätte vorab erstellt werden können. Auch die Mitarbeiterinnen und Mitarbeiter hätten für Unfälle besser ausgebildet sein können, anstatt Übungen als reine Formalität zu betrachten. (ebd., S. 7). Die im Bericht genannten Reformmaßnahmen deuten darauf hin, dass sich *Tepco* in Richtung einer HRO umorientieren möchte. Die Umsetzung von HRO-Erfolgsfaktoren kann hierfür sowohl für *Tepco* als auch für andere Unternehmen und Organisationen einen Beitrag leisten, um den besonderen Sicherheitsansprüchen gerecht zu werden und dabei „krisenrobust“ zu bleiben.

Anhang

Interviewleitfaden

Kodierung	
Thema	
Datum/Uhrzeit	
Gesprächsdauer	
Örtlichkeit	
Gesprächspartner	

Krisenmanagement

1. Wie lange sind Sie auf dieser Funktion tätig und welche konkreten Aufgaben nehmen Sie wahr?

2. Wo liegen nach Ihrer Risikobeurteilung die 3 größten Krisenpotenziale für das Unternehmen?

3. Wie ist das Krisenmanagement organisiert? Auf welchen Unternehmensebenen ist das Krisenmanagement etabliert?

Konzentration auf Fehler

4. Werden im Vorfeld Maßnahmen zur strukturierten Risikoermittlung und Bewertung von Krisenszenarien getroffen? Wie werden sie klassifiziert?

5. Wer ist im Unternehmen für die Früherkennung von potenziellen Krisen verantwortlich?

6. Welche Arten bzw. Ausprägungen von Früherkennungskennungssystemen kommen im Unternehmen zur Anwendung und welche Bedeutung spielen Sie?

7. Welche Bereiche der Früherkennung sind für das Krisenmanagement im besonderen Maße relevant? Werden diese besonders beobachtet bzw. überwacht?

8. Zur Identifizierung schwacher Signale dienen die Verfahren Scanning und Monitoring. Inwieweit spielen diese Methoden im Unternehmen eine Rolle? Wo kommen Sie zum Einsatz? Nach welchen Quellen richtet sich die Suche?

Abneigung gegen vereinfachende Interpretationen

9. Welche internen und externen Informationsquellen werden zur Früherkennung von Krisen herangezogen?

10. Gibt es eine fachübergreifende Organisation des Krisenmanagements? Wenn ja, wie viele Mitarbeiter aus welchen Fachabteilungen sind bei der Früherkennung von Krisen mit eingebunden? Welche Aufgaben nehmen sie wahr?

11. Die kommunikative Vernetzung ist für die Früherkennung eine der wichtigsten Voraussetzungen. Wie eng ist die Zusammenarbeit der Corporate Security zu staatlichen Behörden, Verbänden und Unternehmen? Welche Informationen werden zur Beurteilung der Sicherheitslage gegenseitig ausgetauscht? Gibt es dafür aktuelle Beispiele?

12. Inwieweit wird auf den Erfahrungs- und Wissensschatz der Mitarbeiter zur gezielten Früherkennung von Krisensituationen zurückgegriffen?

Sensibilität für betriebliche Abläufe

13. Wie wird bei den Mitarbeitern ein Bewusstsein über die Wichtigkeit der Früherkennung und Frühinformationen geschaffen?

14. Wie schafft es das Unternehmen, dass die Mitarbeiter aktiv an der Abwendung von Krisen mitwirken und Krisensignale frühzeitig weitergeben? Welche Vermittlungsmethoden kommen zum Einsatz?

15. Welche Ausbildungs- und Weiterbildungsmaßnahmen gibt es für die Mitglieder der Krisenteams?

16. Welche Trainingsmaßnahmen werden für bestimmte Krisenszenarien durchgeführt? Können Sie ein Beispiel nennen?

Streben nach Flexibilität

17. Was war eine der letzten Krisen oder ein außergewöhnliches Ereignis mit Krisenpotenzial im Unternehmen? Was hat sich ereignet und wie ist das Unternehmen bei der Ereignisbewältigung vorgegangen?

18. Wie erfolgte die Dokumentation der Krisenintervention? Was wurde erfasst und systematisch ausgewertet?

19. Können Sie die Nachbereitung veranschaulichen? In welchem Zeitraum fand sie statt?

20. Welche Konsequenzen hat das Unternehmen aus dem Vorfall gezogen?

21. Wie wurden erkannte Defizite an die Praxis im Unternehmen verbreitet?

Respekt vor fachlichem Wissen und Können

22. Kommen wir noch einmal auf die soeben von Ihnen dargestellte Krise zurück. Wie beschreiben Sie die Entscheidungsstrukturen während der Ereignisintervention?

23. Aus welchen Fachbereichen bestand das Krisenteam?

24. Welche Entscheidungsbefugnisse wurden übertragen?

25. Wie wurden bei dem von Ihnen erläuterten Fall schnelle Informations- und Entscheidungswege gewährleistet?

Literaturverzeichnis

American National Standards Institute [ASIS] (2013). Chief Security Officer – An Organizational Model. ANSI/ASIS CSO.1-2013. American National Standard. Alexandria: ASIS International.

Auswärtiges Amt (2014). Japan: Reise- und Sicherheitshinweise (Teilreisewarnung Fukushima). Verfügbar unter http://www.auswaertiges-amt.de/DE/Laenderinformationen/00-SiHi/JapanSicherheit.html [26.05.2015].

Badke-Schaub, P. (2012). Handeln in Gruppen. In P. Badke-Schaub, G. Hofinger & K. Lauche (Hrsg.), Human Factors. Psychologie sicheren Handelns in Risikobranchen (S. 121-139) (2. Aufl.). Berlin: Springer-Verlag.

Bartels, T. (2011). Auswärtiges Amt verschärft Reisewarnung. Verfügbar unter http://www.stern.de/reise/fernreisen/reisen-nach-japan-auswaertiges-amt-verschaerft-reisewarnung-1663570.html [26.05.2015].

Bierhals, R. (2008). Führung mit geteilten mentalen Modellen. In: C. Buerschaper & S. Starke (Hrsg.), Führung und Teamarbeit in kritischen Situationen (S. 86-109). Frankfurt/Main: Verlag für Polizeiwissenschaft.

Bortz, J. & Döring, N. (2006). Forschungsmethoden und Evaluation für Human- und Sozialwissenschaftler (4. Aufl.). Heidelberg: Springer Medizin-Verlag.

Bourrier, M. (2009). Das Vermächtnis der High Reliability Theory. In I. Schaeffer-Schulz & J. Weyer (Hrsg.), Management komplexer Systeme. Konzepte für die Bewältigung von Intransparenz, Unsicherheit und Chaos (S. 119-146). München: Oldenbourg-Wissenschaftsverlag.

Brandl, P. K. (2010). Crash-Kommunikation. Warum Piloten versagen und Manager Fehler machen (2. Aufl.). Offenbach: Gabal Verlag.

Bundesamt für Bevölkerungsschutz und Katastrophenhilfe [BBK] (o. J.). Kritische Infrastrukturen. Verfügbar unter: http://www.bbk.bund.de/DE/AufgabenundAusstattung/KritischeInfrastrukturen/kritischeinfrastrukturen_node.html [26.05.2015].

Bundesamt für Sicherheit in der Informationstechnik [BSI] (2009). Notfallmanagement. BSI-Standard 100-4 zur Business Continuity. Köln: Bundesanzeiger-Verlag.

Bundesamt für Strahlenschutz [BfS] (2014). Fragen und Antworten zu Strahlenschutz-Aspekten in Deutschland und Europa. Verfügbar unter http://www.bfs.de/de/kerntechnik/unfaelle/fukushima/faq/strahlenschutz_europa.html [26.05.2015].

Bundesministerium des Innern [BMI] (2005). Schutz Kritischer Infrastrukturen – Basisschutzkonzept. Empfehlungen für Unternehmen. Verfügbar unter http://www.bbk.bund.de/SharedDocs/Downloads/BBK/DE/Publikationen/PublikationenKritis/Basisschutzkonzept_Kritis.pdf?__blob=publicationFile [26.05.2015].

Bundesministerium des Innern [BMI] (2008). Krisenkommunikation. Leitfaden für Behörden und Unternehmen. Verfügbar unter http://www.bmi.bund.de/SharedDocs/Downloads/DE/Broschueren/2008/Krisenkommunikation.pdf?__blob=publicationFile [26.05.2015].

Bundesministerium des Innern [BMI] (2009). Nationale Strategie zum Schutz Kritischer Infrastrukturen. (KRITIS-Strategie). Verfügbar unter http://www.bmi.bund.de/cae/servlet/contentblob/598730/publicationFile/34416/kritis.pdf [26.05.2015].

Bundesministerium des Innern [BMI] (2011). Schutz Kritischer Infrastrukturen – Risiko- und Krisenmanagement. Leitfaden für Unternehmen und Behörden (2. Aufl.). Verfügbar unter http://www.bmi.bund.de/SharedDocs/Downloads/DE/Broschueren/2008/Leitfaden_Schutz_kritischer_Infrastrukturen.pdf?__blob=publicationFile [26.05.2015].

Bundesministerium für Umwelt, Naturschutz, Bau und Reaktorsicherheit [BMUB] (2014). Fortgeschriebener Aktionsplan zur Umsetzung von Maßnahmen nach dem Reaktorunfall in Fukushima. Verfügbar unter http://www.bmub.bund.de/fileadmin/Daten_BMU/Download_PDF/Atomenergie/aktionsplan_fukushima_bf.pdf [26.05.2015].

Bundesnetzagentur für Elektrizität, Gas, Telekommunikation, Post und Eisenbahnen [BNetzA] (2014a). Pressemitteilung. Präsentation Jahresbericht 2013. Verfügbar unter http://www.bundesnetzagentur.de/SharedDocs/Downloads/DE/Allgemeines/Presse/Pressemitteilungen/2014/140506_Jahresbericht2013.pdf?__blob=publicationFile&v=5 [26.05.2015].

Bundesnetzagentur für Elektrizität, Gas, Telekommunikation, Post und Eisenbahnen [BNetzA] (2014b). Jahresbericht 2013. Starke Netze im Fokus. Verbraucherschutz im Blick. Brüggen (Ndrh.): schmitz druck & medien GmbH & Co. KG.

Business Continuity Institute [BCI] (2012). Good Practice Guidelines 2013. Deutsche Ausgabe. Leitfaden für die Umsetzung von Business Continuity. Berkshire, UK.

Committee on Energy and Commerce [E&C] (2014). Hearing on "The GM Ignition Switch Recall: "Why Did It Take so Long"? Verfügbar unter http://consumermediallc.files.wordpress.com/2014/03/hhrg-113-if02-20140401-sd002.pdf [26.05.2015].

Deutsche Bahn AG [DB AG] (2014). Deutsche Bahn Geschäftsbericht. DB2020 – Unser Kompass auch in schwierigen Zeiten.

Deutsche Industrie- und Handelskammer in Japan [DIHKJ] (2012). Ein Jahr nach Fukushima. Verfügbar unter http://www.frankfurt-main.ihk.de/imperia/md/content/pdf/international/china-competence-center/3_japan_fukushima_201227_3__final.pdf [26.05.2015].

Deutsche Industrie- und Handelskammer in Japan [DIHKJ] (2014). Unsere Mitglieder. Mitgliederkategorie. Verfügbar unter http://www.japan.ahk.de/mitgliedschaft/unsere-mitglieder/mitgliederliste/?tx_cpsmvz_pi1[pointer]=1&cHash=1d7d858022c6471d49504a693964d84b [26.05.2015].

Deutscher Bundestag (2011a). Dreizehntes Gesetz zur Änderung des Atomgesetzes. Vom 31. Juli 2011.

Deutscher Bundestag (2011b). Gesetzesentwurf der Bundesregierung. Entwurf eines Dreizehnten Gesetztes zur Änderung des Atomgesetzes.

Dörner, D. & Schaub, H. (1995). Handeln in Unbestimmtheit und Komplexität. Organisationsentwicklung, 95(3), 34-47.

Dreyer, A., Dreyer, D. & Obieglo, D. (2001). Krisenmanagement im Tourismus. Grundlagen, Vorbeugung und kommunikative Bewältigung. München: Oldenbourg-Wissenschaftsverlag.

Dye, J. & Stempel, J. (2014). GM hit with $ 10 billion lawsuit. Verfügbar unter http://www.reuters.com/article/2014/06/18/us-gm-recall-lawsuit-idUSKBN0ET1SR20140618 [26.05.2015].

Eisenbahn-Unfalluntersuchungsstelle des Bundes [EBU] (2013). Eisenbahn-Unfalluntersuchung. Jahresbericht 2012. Verfügbar unter http://www.eisenbahn-unfalluntersuchung.de/SharedDocs/Publikationen/EUB/DE/Jahresberichte/Jahresbericht_2012.pdf?__blob=publicationFile&v=5 [26.05.2015].

Emmrich, V. (2003). Risikomanagement zwischen Krisenfrüherkennung und Unternehmensrating. Verfügbar unter http://www.risikomanagement.info/Risikomanagement-zwischen-Krisenfrueherkennung-und-Unternehmensrating.299.0.html [26.05.2015].

Ernst & Young [E&Y] (2011). Business Continuity Management – Current Trends. Insights on governance, risk and compliance. o. O.: EYGM Limited.

Europäische Union [EU] (2011a). Durchführungsverordnung (EU) Nr. 351/2011 der Kommission vom 11. April 2011. Verfügbar unter http://eur-lex.europa.eu/LexUriServ/LexUriServ.do?uri=OJ:L:2011:097:0020:0023:DE:PDF [26.05.2015].

Europäische Union [EU] (2011b). Durchführungsverordnung (EU) Nr. 297/2011 der Kommission vom 25. März 2011. Verfügbar unter http://www.bmel.de/SharedDocs/Downloads/Ernaehrung/VOGrenzwerteJapan.pdf?__blob=publicationFile [26.05.2015].

Fahlbruch, B. & Förster, E. (2010). Organisationales Lernen aus Ereignissen. Sicherheitskultur entwickeln. In P. Mistele & U. Bargstedt (Hrsg.), Sicheres Handeln lernen. Kompetenzen und Kultur entwickeln (S. 19-29). Frankfurt/Main: Verlag für Polizeiwissenschaft.

Fahlbruch, B., Schöbel, M. & Marold, J. (2012). Sicherheit. In P. Badke-Schaub, G. Hofinger & K. Lauche (Hrsg.), Human Factors. Psychologie sicheren Handelns in Risikobranchen (S. 21-38) (2. Aufl.). Berlin: Springer-Verlag.

Flick, U. (2011). Qualitative Sozialforschung. Eine Einführung (4. Aufl.). Reinbek bei Hamburg: Rowohlt Taschenbuch-Verlag.

Flick, U., Kardoff, E. & Steinke, I. (2012). Was ist qualitative Forschung? Einleitung und Überblick. In U. Flick, E. Kardoff & I. Steinke (Hrsg.), Qualitative Forschung. Ein Handbuch (S. 13-29) (9. Aufl.). Reinbek bei Hamburg: Rowohlt Taschenbuch-Verlag.

Gabler-Verlag (Hrsg.) (2013). Gabler Wirtschaftslexikon. Stichwort Krisenmanagement. Verfügbar unter http://wirtschaftslexikon.gabler.de/Archiv/10532/krisenmanagement-v9.html [26.05.2015].

Germany Trade & Invest [GTAI] (2014). Wirtschaftsdaten kompakt: Japan. Stand Mai 2014. Verfügbar unter http://www.ahk.de/fileadmin/ahk_ahk/GTaI/japan.pdf [26.05.2015].

Gesellschaft für Anlagen- und Reaktorsicherheit [GRS] (2014). Fukushima Daiichi 11. März 2011. Unfallablauf / Radiologische Folgen (3. Aufl.). Köln: Media Cologne Kommunikationsmedien GmbH. Verfügbar unter http://www.grs.de/sites/default/files/pdf/GRS_Fukushima_2014_WEB_0.pdf [26.05.2015].

Gläser, J. & Laudel, G. (2010). Experteninterviews und qualitative Inhaltsanalyse als Instrumente rekonstruierender Untersuchungen (4. Aufl.). Wiesbaden: VS Verlag für Sozialwissenschaften.

Handelsblatt GmbH (2014). Toyota auf amerikanisch. Verfügbar unter http://www.handelsblatt.com/unternehmen/industrie/opel-mutter-gm-toyota-auf-amerikanisch/9797826.html [26.05.2015].

Harrer, J., Mille, M. & Gleich, R. (2013). Sicherheit macht‘s möglich. Hand in Hand mit dem Business: Ein Forschungsprojekt schafft Ansatzpunkte für Sicherheitsmessung und Wertbeitragsermittlung, SECURITY insight, 1, 17-19.

Heidelberger Institut für Internationale Konfliktforschung [HIIK] (2014). Conflict Barometer 2013. Disputes, non-violent crisis, violent crisis, limited wars, wars. Verfügbar unter http://www.hiik.de/de/konfliktbarometer/pdf/ConflictBarometer_2013.pdf [26.05.2015].

Helisch, M. & Pokoyski, D. (2009). Security Awareness. Neue Wege zur erfolgreichen Mitarbeiter-Sensibilisierung. Wiesbaden: Vieweg + Teubner.

Hoffmann, H. (2014). Rüsten für den Krisenfall. Betriebsunterbrechungen: Risikovorsorge mit dem BCM-System. Verfügbar unter http://www.publicus-boorberg.de/sixcms/media.php/boorberg01.a.1282.de/boorberg01.c.271870.de [26.05.2015].

Hofinger, G. (2012). Fehler und Unfälle. In P. Badke-Schaub, Hofinger, G. & Lauche, K. (Hrsg.), Human Factors. Psychologie sicheren Handelns in Risikobranchen (S. 39-60) (2. Aufl.). Berlin: Springer-Verlag.

Hohl, P. (Hrsg.) (2012). <kes> / Microsoft-Sicherheitsstudie 2012. Verfügbar unter http://www.kes.info/archiv/material/studie2012/index.html [23.12.2014].

Hopf, C. (1983). Die Hypothesenprüfung als Aufgabe qualitativer Sozialforschung, ASI-News (Beiheft), 6, 33-55.

Hopkins, Andrew (2010). Learning from High Reliability Organisations, Sydney: CCH Australia Limited.

Horn, G. (2010). Ereignisanalyse zur Prozessoptimierung. Besser werden durch Lernen aus Ereignissen. In P. Mistele & U. Bargstedt (Hrsg.), Sicheres Handeln lernen. Kompetenzen und Kultur entwickeln (S. 158-172). Frankfurt/Main: Verlag für Polizeiwissenschaft.

International Organization for Standardization [ISO] (2012). International Standard ISO 22301. Societal security – Business continuity management system – requirements. Geneva: ISO.

Issing, F. (2003). BASF setzt auf Intranet-basiertes Knowledge Management. IT-Director, 1/2, 50-51.

Ivory, D. (2014). New General Motors Recall Covers 800,000 More Vehicles [Electronic version]. The New York Times, B2.

Japan Markt (2012a). Japaner ersetzen Expatriates. Verfügbar unter http://www.japanmarkt.de/2012/01/20/unternehmen/japaner-ersetzen-expatriates/ [26.05.2015].

Japan Markt (2012b). Lieferketten kaum verändert. Verfügbar unter http://www.japanmarkt.de/2012/01/20/unternehmen/lieferketten-kaum-verandert/ [26.05.2015].

Johann, B. (2012). Perfekter Schutz gegen Inflation. Sachwerte. Verfügbar unter http://www.finanzen100.de/finanznachrichten/wirtschaft/perfekter-schutz-gegen-inflation_H1251328057_7191/ [26.05.2015].

Kiewitt, A. (2013a). Ersatzteillogistik: Riss in der Lieferkette. BMW leidet weiter unter weltweitem Lieferengpass bei Ersatzteilen. Verfügbar unter http://www.logistik-heute.de/print/10761?page=1 [26.05.2015].

Kiewitt, A. (2013b). Ersatzteillogistik: Lieferengpässe bei BMW. Wegen IT-Umstellung müssen Werkstattkunden wochenlang warten. Verfügbar unter http://www.logistik-heute.de/print/10561 [26.05.2015].

Knauß, F. (2012): Krisenkommunikation. Der Skandal ist überall. Verfügbar unter http://www.wiwo.de/erfolg/management/krisenkommunikation-der-skandal-ist-ueberall/6927292.html [26.05.2015].

Koch, J. (2008). Routinen in Hochleistungssystemen – Zwischen Perfektionierung und Mindfulness. In P. Pawlowsky & P. Mistele (Hrsg.), Hochleistungsmanagement. Leistungspotenziale in Organisationen gezielt fördern (S. 97-110). Wiesbaden: Gabler-Verlag.

Krix, P. (2013). Ersatzteil-Chaos bei BMW. Verfügbar unter http://www.automobilwoche.de/apps/pbcs.dll/article?AID=/20130707/NACHRICHTEN/130709951/ersatzteil-chaos-bei-bmw#.VEVcyFc1zIU [26.05.2015].

La Porte, T. (1996). High Reliability Organizations: Unlikely, Demanding and At Risk. Journal of Contingencies and Crisis Management. Special Issue: New Directions in Reliable Organization Research, 4(2), 60-71.

Lienert, P. (2014). Exclusive: More than 13 deaths in recalled GM cars 'likely', regulator says. Verfügbar unter http://www.reuters.com/article/2014/05/23/us-gm-recall-deaths-idUSBREA4M0R220140523 [26.05.2015].

Manzey, D. (2012). Systemgestaltung und Automatisierung. In P. Badke-Schaub, G. Hofinger & K. Lauche (Hrsg.), Human Factors. Psychologie sicheren Handelns in Risikobranchen (S. 333-352) (2. Aufl.). Berlin: Springer-Verlag.

Mayr, B. (2009). Wissensmanagement, Kompetenzmanagement und Modelltheorie. Ein Integrationsansatz zum erfolgreichen Transfer von Expertise in betrieblichen Abläufen, Hamburg: Diplomica-Verlag.

Mayring, P. (2012). Qualitative Inhaltsanalyse. In U. Flick, E. Kardorff & I. Steinke (Hrsg.), Qualitative Forschung. Ein Handbuch (S. 468-475) (9. Aufl.). Reinbek bei Hamburg: Rowohlt Taschenbuch-Verlag.

Mayring, P. (2010). Qualitative Inhaltsanalyse. Grundlagen und Techniken (11. Aufl.). Weinheim: Beltz-Verlag.

Meinefeld, W. (2012): Hypothesen und Vorwissen in der qualitativen Sozialforschung. In U. Flick, E. Kardorff & I. Steinke (Hrsg.), Qualitative Forschung. Ein Handbuch (S. 265-275) (9. Aufl.). Reinbek bei Hamburg: Rowohlt Taschenbuch-Verlag.

Meinefeld, W. (1997). Ex-ante Hypothesen in der Qualitativen Sozialforschung: zwischen „fehl am Platz“ und „unverzichtbar“. Zeitschrift für Soziologie, 26(1), 22-34.

Meuser, M. & Nagel, U. (1991). Experteninterviews – vielfach erprobt, wenig bedacht. Ein Beitrag zur qualitativen Methodendiskussion. In D. Garz & K. Kraimer (Hrsg.), Qualitativ-empirische Sozialforschung. Konzepte, Methoden, Analysen (S. 441-471). Opladen: Westdeutscher Verlag.

Meuser, M. & Nagel, U. (2010). Experteninterviews – wissenssoziologische Voraussetzungen und methodische Durchführung. In B. Friebertshäuser, A. Langer & A. Prengel (Hrsg.), Handbuch Qualitative Forschungsmethoden in der Erziehungswissenschaft (S. 457-471) (3. Aufl.). Weinheim: Juventa-Verlag.

Michel, R. (2011). Der Unfall von Fukushima – ein Bericht aus der Sicht des SSK Krisenstabs. Verfügbar unter http://www.irs.uni-hannover.de/fileadmin/institut/pdf/handouts/2011/dudgmsha.pdf [26.05.2015].

Mitroff, I. I. (2001). Managing Crisis Before They Happen. What every Executive and Manager Needs to Know About Crisis Management, New York: American Management Association.

Mitroff, I. I. (2004). Crisis Leadership. Planning for the Unthinkable, New Jersey: John Wiley & Sons.

Moosbrugger, H. & Kelava, A. (2012). Testtheorie und Fragebogenkonstruktion. Berlin: Springer-Verlag.

National Highway Traffic Safety Administration [NHTSA] (2014a). ODI Resume. Verfügbar unter http://www.nhtsa.gov/staticfiles/communications/pdf/2014-02-26_TQ_Opening_Resume.pdf [26.05.2015].

National Highway Traffic Safety Administration [NHTSA] (2014b). TQ14-001. Consent Order. NHTSA Recall No. 14V-047. Verfügbar unter http://www.nhtsa.gov/staticfiles/communications/pdf/May-16-2014-TQ14-001-Consent-Order.pdf [26.05.2015].

National Transportation Safety Board [NTSB] (2010). Aircraft Accident Report. Loss of Thrust in Both Engines After Encountering a Flock of Birds and Subsequent Ditching on the Hudson River. US Airways Flight 1549. Airbus A320-214, N106US. Weehawken, New Jersey. January 15, 2009. Verfügbar unter http://www.skybrary.aero/bookshelf/books/1205.pdf [26.05.2015].

Pawlowsky, P. (2008). Auf dem Weg zu höherer Leistung. In P. Pawlowsky & P. Mistele (Hrsg.), Hochleistungsmanagement. Leistungspotenziale in Organisationen gezielt fördern (S. 413-424). Wiesbaden: Gabler-Verlag.

Pawlowsky, P. & Steigenberger, N. (Hrsg.) (2012). Die H!PE-Formel. Empirische Analysen von Hochleistungsteams. Human Factors. Interdisziplinäre Studien in komplexen Arbeitswelten (Bd. 3). Frankfurt/Main: Verlag für Polizeiwissenschaft.

Perin, C. (2005). Shouldering Risks. The culture of control in the nuclear power industry, New Jersey: Princeton Paperbacks.

Perrow, C. (1992). Normale Katastrophen. Die unvermeidbaren Risiken der Großtechnik (2. Aufl.). Frankfurt/Main: Campus Verlag.

Perrow, C. (1994). The Limits of Safety: The Enhancement of a Theory of Accidents. Journal of Contingencies and Crisis Management, 2(4), 212-220.

Perrow, C. (1999). Organizing to Reduce the Vulnerabilities of Complexity. Journal of Contingencies and Crisis Management, 2, 150-155.

Plümper, T. (2012). Effizient schreiben. Leitfaden zum Verfassen von Qualifizierungsarbeiten und wissenschaftlichen Texten (3. Aufl.). München: Oldenbourg-Wissenschaftsverlag.

Reason, J. (1994). Menschliches Versagen. Psychologische Risikofaktoren und moderne Technologien. Heidelberg: Akademischer Verlag.

Roberts, K. (1990a). Managing High Reliability Organizations. California Management Review, 32(4), 101-113.

Roberts, K. (1990b). Some characteristics of one type of High Reliability Organizations. Organization Science, 1(2), 160-176.

Roselieb, F. (1999). Empirische Befunde zu Frühwarnsystemen in der internen und externen Unternehmenskommunikation. In M. H. v. Donnersmarck & R. Schatz (Hrsg.), Frühwarnsysteme (S. 85-105). Bonn: INNO VATIO Verlag.

Roselieb, F. & Dreher, M. (Hrsg.) (2008). Krisenmanagement in der Praxis. Von erfolgreichen Krisenmanagern lernen, Berlin: Erich Schmidt Verlag.

Sack, D. (2010). Corporate Security – Standort-Security. Stuttgart: Steinbeis-Edition.

Sagan, S. D. (1995). The Limits of Safety. Organizations, Accidents, and Nuclear Weapons. New Jersey: Princeton University Press.

Schaub, H. (o. J.). Menschliches Versagen. Die Rolle des Faktors „Mensch" bei großtechnischen Katastrophen aus psychologischer Sicht. Verfügbar unter http://www.systemdenken.de/Schaub - MenschlichesVersagen.pdf [26.05.2015].

Schmidt, C. (2012). Analyse von Leitfadeninterviews. In U. Flick, E. Kardoff & I. Steinke (Hrsg.), Qualitative Forschung. Ein Handbuch (S. 447-456) (9. Aufl.). Reinbek bei Hamburg: Rowohlt Taschenbuch-Verlag.

Schnauber, M. & Horn, G. (2008). Krisenstabsarbeit in Chemieunternehmen. In: C. Buerschaper & S. Starke (Hrsg.), Führung und Teamarbeit in kritischen Situationen (S. 295-309). Frankfurt/Main: Verlag für Polizeiwissenschaft.

Schnell, R., Hill, P. & Esser, E. (2011). Methoden der empirischen Sozialforschung (9. Aufl.). München: Oldenbourg-Wissenschaftsverlag.

Sheffi, Y. (2006). Worst-Case-Szenario. Wie Sie Ihr Unternehmen auf Krisen vorbereiten und Ausfallrisiken minimiere. Landsberg am Lech: mi-Fachverlag.

Sorge, N. V. (2011). Japan: Deutsche Firmen holen Mitarbeiter nach Hause. Verfügbar unter http://www.spiegel.de/wirtschaft/unternehmen/japan-deutsche-firmen-holen-mitarbeiter-nach-hause-a-750942.html [26.05.2015].

Statista GmbH (2014). Kennzahlen zur Tsunami- und Atomkatastrophe in Japan im März 2011. Verfügbar unter http://de.statista.com/statistik/daten/studie/220131/umfrage/kennzahlen-zur-tsunami-und-atomkatastrophe-in-japan/ [26.05.2015].

Steigenberger, N. & Pawlowsky, P. (2010): Lernen von Hochleistern. Welchen Nutzen haben die Erkenntnisse der Forschung zu verlässlichkeitsorientierten Organisationen für Unternehmen? In P. Mistele & U. Bargstedt (Hrsg.), Sicheres Handeln lernen. Kompetenzen und Kultur entwickeln (S. 257-265). Frankfurt/Main: Verlag für Polizeiwissenschaft.

Steinke, I. (2012). Gütekriterien qualitativer Forschung. In: U. Flick, E. Kardorff & I. Steinke (Hrsg.), Qualitative Forschung. Ein Handbuch (S. 319-331) (9. Aufl.). Reinbek bei Hamburg: Rowohlt Taschenbuch-Verlag.

Strahlenschutzkommission [SSK] (2011). Beratungsergebnisse des SSK-Krisenstabs zu den Auswirkungen des Reaktorunfalls von Fukushima. Verfügbar unter http://www.ssk.de/SharedDocs/Beratungsergebnisse_PDF/2011/2011_07.pdf?__blob=publicationFile [26.05.2015].

Strahlenschutzkommission [SSK] (2012). SSK-Satzung 6-2.1. Satzung der Strahlenschutzkommission. Verfügbar unter http://www.bfs.de/de/bfs/recht/rsh/volltext/6_Wichtige_Gremien/6_2_1_SSK_Satz_0812.pdf [26.05.2015].

Töpfer, A. (1999). Plötzliche Unternehmenskrisen – Gefahr oder Chance? Grundlagen des Krisenmanagements, Praxisfälle, Grundsätze zur Krisenvorsorge. Neuwied/Kriftel: Hermann Luchterhand Verlag.

Tokyo Electric Power Company [TEPCO] (2012). Fundamental Policy for the Reform of TEPCO Nuclear Power Organization. Verfügbar unter http://www.tepco.co.jp/en/press/corp-com/release/betu12_e/images/121012e0101.pdf [26.05.2015].

Trauboth, J. H. (2002). Krisenmanagement bei Unternehmensbedrohungen. Präventions- und Bewältigungsstrategien. Stuttgart: Richard Boorberg Verlag.

Tscheuschner, M. & Wagner, H. (2011). Das Team Management System. Der Weg zum Hochleistungsteam (2. Aufl.). Offenbach: GABAL Verlag GmbH

Tsoukas, H. (2005). Complex Knowledge. Studies in Organizational Epistemology. New York: Oxford University Press Inc.

Turner, B. A. (1976). The organizational and interorganizational development of Disasters. Administrative Science Quarterly, 21(3), 378-397.

Turner, B. A. (1978). Man-Made Disasters. London: Wykeham Publ.

Turner, B. A. & Pidgeon, N. F. (1997). Man-Made Disasters (2. Ed.). Boston: Butterworth-Heinemann.

Verwaltungsgericht Mainz [VG Mainz] (2014). Pressemitteilung 8/2014. Stellwerk Bahnhof Mainz – Klage der DB Netz AG gegen Eisenbahn-Bundesamt. Verfügbar unter http://www.mjv.rlp.de/icc/justiz/nav/613/broker.jsp?uMen=613ee694-b59c-11d4-a73a-0050045687ab&uCon=2434088e-5763-0641-59a1-ac67077fe9e3&uTem=aaaaaaaa-aaaa-aaaa-aaaa-000000000042 [26.05.2015].

Vogus, T. & Welbourne, T. (2003). Structuring for high reliability: HR practices and mindful processes in reliability-seeking organizations. Journal of Organizational Behavior, 24, 877-903.

Von der Weth, R. (2012). Reden ist Silber, Schweigen ist Gold. Metaphern der Kommunikationstheorie für die Bemeisterung der Praxis. In: G. Hofinger, (Hrsg.), Kommunikation in kritischen Situationen (S. 29-43) (2. Aufl.) Frankfurt/Main: Verlag für Polizeiwissenschaft.

Weick, K. E. & Sutcliffe, K. M. (2000). High Reliability: The Power of Mindfulness. Leader to Leader, 17, 33-38.

Weick, K. E. & Sutcliffe, K. M. (2003). Das Unerwartete Managen. Wie Unternehmen aus Extremsituationen lernen. Stuttgart: Klett-Cotta.

Weick, K. E. & Sutcliffe, K. M. (2010). Das Unerwartete Managen. Wie Unternehmen aus Extremsituationen lernen (2. Aufl.). Stuttgart: Schäffer-Poeschel-Verlag.

Wildavsky, A. (1988). Searching for Safety. New Brunswick, Kanada: Transaction Publishers.

Wildavsky, A. (2004). Searching for Safety (3. Aufl.). New Brunswick, Kanada: Transaction Publishers.

Wolke, T. (2008). Risikomanagement (2. Aufl.). München: Oldenbourg-Verlag.

Zeit Online (2013). Merkel drängt Grube zu schnellen Lösungen. Verfügbar unter http://www.zeit.de/politik/deutschland/2013-08/deutsche-bahn-personalengpass-mainz [26.05.2015].